Einführung in die Baukalkulation

Leitfaden für die Straßenbauer Meisterschule

Impressum:
Autor: Peter Stenger

Herstellung und Verlag: Books on Demand GmbH, Norderstedt

Das Werk einschließlich aller seiner Teile ist urheberrechtlich geschützt. Jede Verwertung außerhal b der engen Grenzen des Urheberrechtsgesetzes ist ohne Zustimmung des Verlages unzulässig und Strafbar. Dies gilt insbesondere für Vervielfältigungen, Übersetzungen, Mikroverfilmungen und die Einspeicher ung und Verarbeitung in elektronischen Systemen.

Gliederung einer Kalkulation von Bauleistungen

A. **EINFÜHRUNG IN DIE KALKULATION VON BAULEISTUNGEN**

1. Grundlagen des Rechnungswesens
    - 1.1 Unternehmens- und Finanzrechnung
        - *1.1.1 Unternehmensrechnung*
        - *1.1.2 Finanzrechnung*

2. Kosten- und Leistungsrechnung
    - 2.1 Baubetriebsrechnung
        - *2.1.1 Kostenartenrechnung*
        - *2.1.2 Kostenstellenrechnung*
        - *2.1.3 Kostenträgerrechnung*
        - *2.1.4 Bauleistungsrechnung*
        - *2.1.5 Ergebnisrechnung*
    - 2.2 Bauauftragsrechnung
        - 2.2.1 Vorkalkulation
            - *2.2.1.1 Angebotskalkulation*
            - *2.2.1.2 Auftragskalkulation*
            - *2.2.1.3 Arbeitskalkulation*
            - *2.2.1.4 Nachtragskalkulation*
        - 2.2.2 Nachkalkulation

3. Grundbegriffe der Kostenrechnung

   3.1 Definition

   3.1.1 Kosten – Aufwand – Ausgaben

   3.1.2 Leistungen- Erträge – Einnahmen

   3.2 Kosten in Abhängigkeit vom Beschäftigungsgrad

   3.2.1 Fixe Kosten

   3.2.2 Variable Kosten

   3.2.3 Fixe und variable Kosten

   3.3 Zurechnungsgrundsätze der Kalkulation

   3.3.1 Einzelkosten

   3.3.2 Gemeinkoten

   3.4 Kosten- und Mengenansätze in der Kalkulation

   3.4.1 Aufwandswert

   3.4.2 Leistungswert

4. Zuschlagskalkulation

   4.1 Kalkulation über die Angebotssumme

   4.2 Kalkulation mit vorberechneten Zuschlägen

5. Aufbau der Kalkulation

B. DURCHFÜHRUNG DER KALKULATION

1. Grundlagen der Kalkulation

    1.1 Ausschreibung und Vergabe

    1.2 Baubeschreibung

    1.3 Leistungsverzeichnis (STLK und RLK)

2. Gliederung der Kalkulation

    2.1 Einzelkosten der Teilleistung

    - 2.1.1 Lohnkosten (Mittellohn A, AS, ASL)
    - 2.1.2 Sonstige Kosten (Material- bzw. Baustoffe)
    - 2.1.3 Gerätekosten
    - 2.1.4 Kosten der Fremdleistungen (Nachunternehmer)

    2.2 Gemeinkosten der Baustelle *

    - 2.2.1 Zeitabhängige Kosten
    - 2.2.2 Einmalige Kosten

    2.3 Allgemeine Geschäftskosten *

    2.4 Bauzinsen *

    2.5 Wagnis und Gewinn*

    2.6 Mehrwertsteuer (Umsatzsteuer)

3 Ablauf der Kalkulation

    3.1 Kalkulation über die Angebotssumme

    3.2 Kalkulation mit vorberechneten Zuschlägen

*Angaben von der Firmenbuchhaltung

Erläuterungen:

A 1.0 Grundlagen des Rechnungswesens

Das Rechnungswesen erfasst alle betrieblichen Vorgänge, die rechenhaft sind, sich also durch Zahlen ausdrücken lassen. Das Rechnungswesen hat die Aufgabe, anhand zahlenmäßiger Angaben den Betriebserfolg oder auch nicht zu kontrollieren und überprüfbar zu machen.

1.1 Unternehmens- und Finanzrechnung

1.1.1 Unternehmensrechnung

Handelsrechtliche Vorschriften des Handelsgesetzbuch (HGB §§ 38-47) bestimmen die Art der Buchführung, das Aufstellen eines jährlichen Inventars und einer Bilanz.

Diese Bestimmungen sollend en Unternehmer zwingen, Ordnung in seinen finanziellen Tätigkeiten zu halten, um gerechte Grundlagen für die Besteuerung zu schaffen und allgemeine Rechtssicherheit (z.B. Schutz der Gläubiger) zu gewährleisten.

Die Unternehmensrechnung, durchgeführt von der Finanz- oder Geschäftsbuchhaltung, übernimmt diese vom Gesetzgeber vorgeschriebenen Aufgaben. Meist in Form einer eigenen Buchhaltung welche bei kleineren Firmen die Auflistungen an ein Steuerbüro weiterleitet.

Die Unternehmensrechnung gliedert sich auf in

- Bilanzrechnung
und
- Erfolgsrechnung

Um einen Überblick über die Vermögens- und Ertragslage einer Unternehmung zu erhalten, muss mindestens nach Ablauf eines Geschäftsjahres eine Bilanz erstellt werden. Es gibt zwei Definitionen: Eine ist Geschäftsjahr und die andere ist Wirtschaftsjahr. Geschäftsjahr wird im HGB verwendet und Wirtschaftsjahr im Einkommensteuerlichen Sinne. Eine Bilanz ist eine Aufstellung von Herkunft und Verwendung von Kapital eines Wirtschaftssubjektes.

Ein vom Kalenderjahr „abweichendes Geschäftsjahr" kann branchenabhängig gewählt werden, um etwa saisontypische Entwicklungen bilanziell besser erfassen zu können. Es kann dann zweckmäßig sein, einen Bilanzstichtag zu wählen, der auf einen die Saisonspitze berücksichtigenden Zeitpunkt fällt, an dem die Lagerbestände weitgehend abgebaut und Umsatzschwerpunkte berücksichtigt sind.

Da die Bilanz nur Bestände darstellt und keine Auskunft über die Geschäftstätigkeit einer Periode macht, muss jeder Bilanz eine Gewinn- und Verlustrechnung hinzugefügt werden. Dies bezeichnet man dann als sogenannte Erfolgsrechnung.

1.1.2 Finanzrechnung

Wesentliche Aufgabe der Finanzrechnung ist die Überwachung der Liquidität (Zahlungsfähigkeit des Unternehmens). Die Unternehmensleitung muss dafür Sorge tragen, dass die Unternehmung stets g

genügend Geldmittel zur Verfügung hat, um ihren Zahlungsverpflichtungen nach zu kommen. D.h. Es ist zu gewährleisten, dass zu jedem Zeitpunkt die Summe der Auszahlungen nicht größer ist, als die Summe der Einzahlungen und der noch vorhandenen Zahlungsmittelbestände (ZMB).

ZMB + Einnahmen - Ausgaben > 0

Ist dies gewährleistet, so ist das Unternehmen Liquide und kann profitabel arbeiten. Kann dies kurzfristig aus eigenen Leistungen nicht erreicht werden, so sind rechtzeitig Maßnahmen zu veranlassen, um die Zahlungsunfähigkeit zu verhindern, da dies den Zusammenbruch des Unternehmens (Konkurs/Insolvenz) verursachen würde.

Viele Kleinunternehmer haben nicht genügend Kapital bei der Gründung Ihres Unternehmens und arbeiten sozusagen von der Hand in den Mund. Kommt dann eine Baustelle wo die Zahlungsmoral des Kunden fehlt, dann sind schnell die Finanziellen Grenzen überschritten und man muss Insolvenz anmelden. Der Unterschied zwischen Insolvenz und Konkurs besteht darin das es keinen gibt. Zwischen 1877 und 1999 wurden zahlungsunfähige Unternehmen nach der Konkursordnung behandelt. Seit 1999 gilt das allgemeine Insolvenzrecht das mittlerweile auch in vielen Privathaushalten Einzug gehalten hat. Im Gegensatz zum Konkursverfahren sieht das heutige Insolvenzrecht eine Aufgabe darin das Unternehmen fortzuführen und eine Restschuldbefreiung zu erlangen.

A 2.0 Kosten- und Leistungsrechnung

2.1 Baubetriebsrechnung

Ziel der Baubetriebsrechnung ist die Kontrolle des baubetrieblichen Geschehens. Sie umfasst im Einzelnen die Bereiche:

- Kostenartenrechnung
  Zur Erfassung einzelner Kostenarten (z.B. Lohnkosten, Stoffkosten, Gerätekosten)

- Kostenstellenrechnung
  Zur Ermittlung der auf die einzelnen Kostenstellen entfallenden Kosten (z.B. Kosten der Baustellen, Kosten der Werkstatt, Kosten der Verwaltung).

- Kostenträgerrechnung
  Zur Verrechnung der Kosten auf die betrieblichen Leistungen (z.B. auf der Baustelle: Kostenträger „Bauwerk" oder „Gleisanlage").

- Bauleistungsrechnung
  Zur Feststellung des Wertes der erbrachten Bauleistungen.

- Ergebnisrechnung
  Als Gegenüberstellung der Baukosten zu den Bauleistungen

Aus den IST-Werten der Baubetriebsrechnung werden Unterlagen für die Steuerung und Kontrolle des Baubetriebes sowie die Preisgestaltung in der Kalkulation gewonnen.

2.2 Bauauftragsrechnung

In der Bauauftragsrechnung werden Kosten für die einzelnen Bauobjekte oder einzelner Teile davon ermittelt, um der Preisgestaltung, der Verfahrensauswahl oder der Kostenvorgabe und der Kostenkontrolle zu dienen. In Abhängigkeit vom zeitlichen Ablauf einer Baumaßnahme unterscheidet man die Vorkalkulation mit der

- Angebotskalkulation
- Auftragskalkulation
- Nachtragskalkulation
- Arbeitskalkulation

und die Nachkalkulation.

2.2.1 Vorkalkulation

In der Vorkalkulation werden in einer Vorausrechnung die vermutlich zu erwartenden Selbstkosten für die Erstellung des Bauwerkes erfasst. Grundlage zu dieser Kostenermittlung sind Erfahrungswerte und bei Einsatz neuartiger Geräte oder bei neuen Maschinen- bzw. Gerätekombinationen geschätzte oder aufgrund von Versuchen errechnete Werte.

Je nach dem Zeitpunkt der Vorkalkulation ergeben sich unterschiedliche Gesichtspunkte bei der Vorkalkulation.

Definitionen:

❖ Angebotskalkulation
Die Angebotskalkulation dient zur Ermittlung der voraussichtlichen Selbstkosten von Bauleistungen. Aufgrund der Marktlage wird aus dem Selbstkostenpreis der Angebotspreis entwickelt und die Einheitspreise für einzelne Teilleistungen errechnet. Im Wettbewerb soll dieser Angebotspreis den Bauherren von der Preiswürdigkeit überzeugen, um ihn zu veranlassen, den Auftrag an das Unternehmen zu vergeben. (Wenn alles gut erkennbar ist und deutlich gegliedert, ist das schon die halbe Miete. Kunden möchten „nicht immer" Fachchinesisch lesen, sondern der erste Blick gilt der Gesamtsumme und dann ist es immer interessant wie viel die einzelnen Teilleistungen kosten. Dann kommt meistens die Frage ob man nicht das eine oder andere selbst machen kann.)

❖ Auftragskalkulation
Wird der Bieter zu Verhandlungen über ein Angebot aufgefordert, so wird in der Regel die Kostenaufstellung der Angebotssumme überprüft, um Fehler aufzudecken und um die mögliche Verhandlungsspanne für Preisnachlässe festzulegen.

Auch von Seiten des Bauherrn werden oft Änderungswünsche, wie Änderung des Umfanges der Bauleistung, veränderte Bautermine usw. beantragt. Die sich ergebenden Änderungen werden in die Angebotskalkulation übernommen und es ergibt sich die Auftragskalkulation.

❖ Nachtragskalkulation
Für alle Bauleistungen, für die vor Vertragsabschluss kein Preis vereinbart wurde, müssen dem Bauherrn möglichst vor der Ausführung neue Nachtragsangebote unterbreitet werden. Die Kosten für diese zusätzlichen Leistungen werden in der Nachtragskalkulation ermittelt.

❖ Arbeitskalkulation
Nach der Auftragserteilung wird die Durchführung des Bauvorhabens in den Arbeitsprozess eingegliedert. Die Ergebnisse dieser Arbeitsplanung werden von Baustellenverhältnisse, des Geräteeinsatzes und der verschiedenen Bauverfahren von den Annahmen der Auftragskalkulation erfasst.
Kostenmäßig werden diese Änderungen in der Arbeitskalkulation erfasst. Die Arbeitskalkulation stellt eine Kostenvorgabe für die Baudurchführung dar und wird der Ausgangspunkt für die Kontrolle.

2.2.2 Nachkalkulation

Die Nachkalkulation ermittelt nachträglich die entstandenen Kosten einer teilweisen oder voll erbrachten Leistung.

Bei einer kostenmäßigen Nachkalkulation werden die aufgrund einer Arbeitskalkulation oder Plankostenrechnung ermittelten Sollkosten den Ist-kosten gegenübergestellt. Hierbei werden nur einzelne Kostenarten wie z.B. die Kosten für Löhne, Stoffe Fremdleistungen usw. als auch die Gesamtkosten kontrolliert.

Bei der mengenmäßigen Nachkalkulation werden die Mengenansätze der Kalkulation wie. Z.B. die Lohnstunden, die Geräteeinsatzstunden oder der Mengenverbrauch an Bau-und Hilfsstoffen kontrolliert. Diese Kontrolle erlaubt bei Vorliegen , mehrerer vergleichbarer Werte von abgeschlossenen Baumaßnahmen auch die Bildung von Aufwands- und Leistungsansätzen für die nächste Vorkalkulation.

A 3.0 Grundbegriffe der Kostenrechnung

3.1 Definitionen

3.1.1 Kosten – Aufwand - Ausgaben

Kosten sind der bewertete, betriebsnotwendige Güterverbrauch zur Erstellung der betrieblichen Leistung.

Als Güter werden Mengen der unterschiedlichsten Dimensionen (z.B. Stück Einbauteile, m² Schalung usw.) verbraucht. Dazu gehören auch Zeiten, wie eine Lohnstunde oder eine Gerätestunde.

Als Kurzformel gilt:

Kosten = Mengen oder Zeiten x Wert

Kalkulatorische Abschreibungen, Zinsen, Unternehmerlöhne u.a. werden als Zusatzkosten bezeichnet.

Aufwand ist der gesamte Güterverbrauch der Unternehmung in einem Abrechnungszeitraum.

Ausgaben sind alle von der Unternehmung gezahlten Geldbeträge.

Ausgaben sind nicht Identisch mit Kosten !!!

3.1.2 Leistungen – Erträge - Einnahmen

Leistungen sind das Ergebnis des betrieblichen Geschehens (z.B. Straßenbaukörper, Gehwege, Abgrenzungen..)

<u>Erträge</u> sind alle in einer Periode entstandenen Werte betrieblicher und außerbetrieblicher Art. Hierzu gehören auch Wertzuwächse.

<u>Einnahmen</u> sind jegliche Eingänge von Geld innerhalb eines Abrechnungszeitraumes.

3.2 Kosten in Abhängigkeit vom Beschäftigungsgrad

3.2.1 Fixe Kosten

Die Fixen Kosten (unveränderliche Kosten) stellen denjenigen Teil der Gesamtkosten dar, der unabhängig ist von der Veränderung der Beschäftigung.

Absolut fixe Kosten, wie z.B. Mieten, Teile der Abschreibung – insbesondere von Gebäuden- entstehen als sogenannte Stillstandskosten unabhängig davon, ob das Unternehmen arbeitet oder nicht.

Intervallfixe Kosten bleiben nur für bestimmte Beschäftigungsintervalle konstant und steigen sprunghaft an, sobald eine Erhöhung der Produktion den Einsatz zusätzlicher Betriebsmittel verlangt (sogenannte Sprungkosten).

Fixe Kosten treten in der Kalkulation von Bauleistungen z.B. als sogenannte „Allgemeine Geschäftskosten" oder als „Baustellengemeinkosten" auf.

3.2.2 Variable Kosten

Hierbei wird zwischen proportionalen und nicht proportionalen Kosten unterschieden:

a) Proportionale Kosten

Sie steigen im gleichen Verhältnis wie die erzeugte Menge an. Typisch proportionale Kosten sind z.B. die Lohn – und Baustoffkosten der einzelnen Teilleistungen. Wegen ihrer Abhängigkeit von der erzeugten Menge werden diese Kosten auch mengenabhängige Kosten genannt.

Ändern sich die Kosten dagegen proportional zur Zeit, dann werden sie als zeitabhängige Kosten bezeichnet. Solche Kosten sind z.B. Gehälter der Baustelle, die Abschreibung und Verzinsung der eingesetzten Baumaschinen, sowie Schal- und Rüstgeräte.

b) Nicht proportionale Kosten

Diese Kosten steigen in geringerem (degressive Kosten) oder größerem Maße (progressive Kosten) als die erzeugte Menge.

3.2.3 Fixe und variable Kosten

Setzen sich die Gesamtkosten aus fixen und variablen Kosten zusammen, so ergibt sich der Kostenverlauf aus der Überlagerung beider Kosten. Als Beispiel seien der Einsatz von Baumaschinen oder von Rüst- und Schalgeräten genannt. Der Fixkostenanteil entspricht den Transport- und Montagekosten. Der variable Kostenanteil entspricht den Betriebsstoffen, den einsatzabhängigen Abschreibungen, den Reparaturkosten und den Lohnkosten.

3.3 Zurechnungsgrundsätze der Kalkulation

Nach dem Kostenverursacherprinzip müssen einem Produkt diejenigen Kosten zugerechnet werden, die von ihm verursacht sind.

Nach Ihrer Zurechenbarkeit sind zu unterscheiden:

Einzelkosten

und

Gemeinkosten

3.3.1 Einzelkosten

Einzelkosten können einem Erzeugnis **direkt** zugeordnet werden. Bei Bauleistungen besteht das Erzeugnis aus einer oder mehreren Bauleistungen. Die Einzelkosten werden deshalb als

Einzelkosten der Teilleistung

bezeichnet. Dies sind z.B. Lohnkosten, Baustoffkosten, Kosten der Rüst-, Schal- und Verbaustoffe sowie Gerätekosten und Kosten für Fremdleistungen (Subunternehmer).

3.3.2 Gemeinkosten

Gemeinkosten können einem Erzeugnis **nicht direkt**, sondern nur mit Hilfe eines Verteilungsschlüssels zugerechnet werden.

Die Gemeinkosten bestehen aus:

Gemeinkosten der Baustelle ← (Baubüro, Toiletten, Bauwagen, Magazin, Bauzaun, Ampelanlage)

und

Allgemeine Geschäftskosten ← (Bauhof, Werkstatt, Verwaltung)

Die Beträge für Wagnis und Gewinn werden aus Vereinfachungsgründen, obwohl sie ihrem Wesen nach keine Kosten darstellen, meist in diese Umlage mit eingerechnet.

3.4 Kosten- und Mengenansätze in der Kalkulation

Um die Einzelkosten der Teilleistungen berechnen zu können, sind zunächst die Einzelkosten je Mengeneinheit zu kalkulieren. Der erste Schritt hierzu ist die Ermittlung der Anzahl der Lohn- und Gerätestunden, die für die Herstellung einer Mengeneinheit benötigt werden. Diese Ermittlung wird mit Hilfe sogenannter Aufwands- und Leistungswerte durchgeführt.

3.4.1 Aufwandswert

$$Aufwandswert = \frac{für\_die\_Ausführung\_aufgewandte\_Arbeitszeit\_(h)}{Mengeneinheit\_(m, m^2, m^3, kg, t, St, usw)}$$

Beispiel:
Einschalen von Fundamenten	0,8-1,5 h/m²
Mauern von Wänden (d=24 cm)	4,0-6,0 h/m²
Versetzen von Bordsteinen H 15x25	0,70-0,85 h/m
Einbauen von bit. Tragschicht (Stärke 12 cm)	185 kg/m²

3.4.2 Leistungswert

$$Leistungswert = \frac{ausgeführte\_Menge\_(m, m^2, m^3, kg, t, St, usw)}{Betriebsstunden\_(h)}$$

Beispiel:
Raupenlader (1m³ Schaufelinhalt)	Baugrubenaushub	60 m³/h
Hydraulikbagger (0,4 m³ Tieflöffel)	Grabenaushub	50 m³/h

A 4.0 Zuschlagskalkulation

4.1 Kalkulation über die Angebotssumme

Bei diesem Verfahren (auch „Kalkulation über die Endsumme" genannt) werden die Beträge für Gemeinkosten der Baustelle, Allgemeine Geschäftskosten, Wagnis und Gewinn für jeden zu kalkulierenden Bauauftrag gesondert ermittelt.

Es ergeben sich daraus für jedes Bauobjekt Kalkulationszuschläge für die Einzelkosten der Teilleistungen in unterschiedlicher Höhe.

Die Kalkulation über die Angebotssumme wird in vier Schritten durchgeführt:

- Ermittlung der Herstellkosten
- Ermittlung der Angebotssumme
- Ermittlung der Einzelkostenzuschläge
- Ermittlung der Einheitspreise

Für die Wahl der Zuschlagssätze bestehen verschiedene Möglichkeiten:

- Einheitlicher Zuschlag für alle Kostenarten
- Unterschiedliche Zuschlagssätze für alle Kostenarten
- Zusammenfassung einzelner Kostenarten zu einer Kostenartengruppe mit einem einheitlichen Zuschlagssatz.

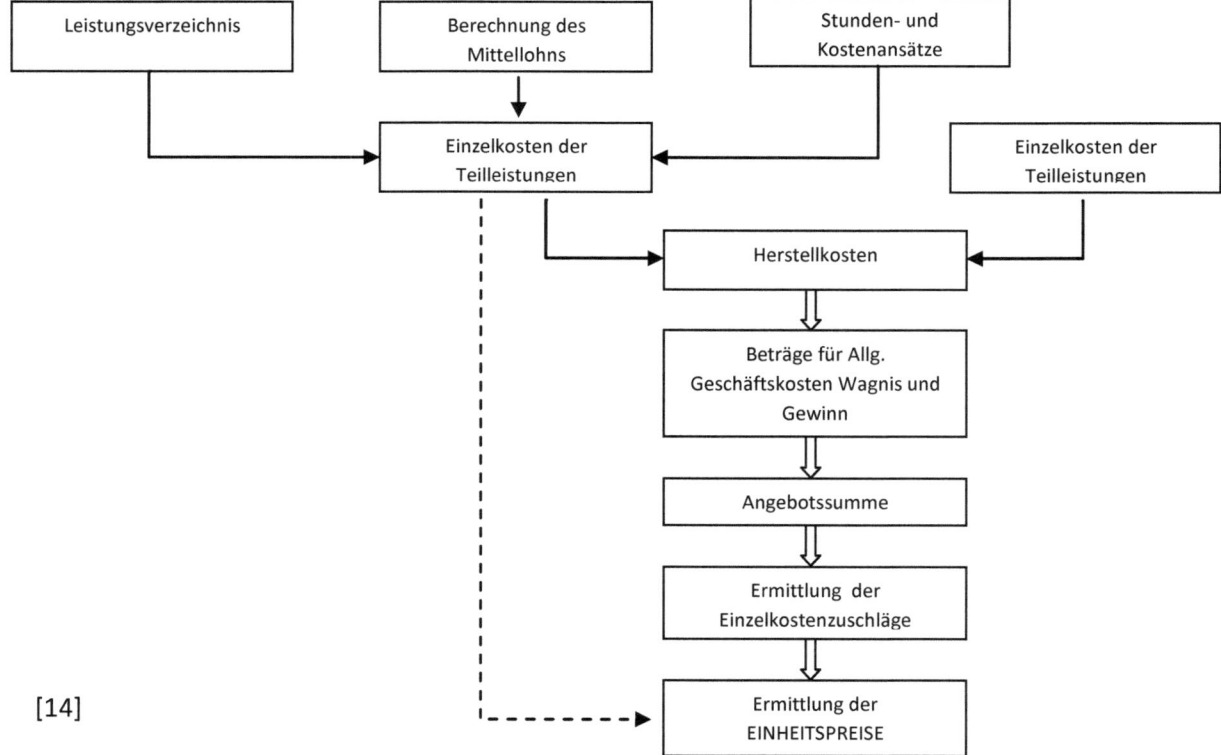

[14]

So können zum Beispiel Lohn- und Gerätekosten einerseits und Stoffkosten andererseits einheitliche Gruppen bilden. Es besteht auch die Möglichkeit, die sogenannten „Arbeitskosten" mit einem einheitlichen Zuschlagsatz zu beaufschlagen.

Die einfachste Möglichkeit bildet offensichtlich der einheitliche Zuschlag, da hierdurch Verschiebungen in den Mengen der einzelnen Positionen keine Auswirkungen auf die Deckung der Gemeinkosten haben, solange die Angebotssumme nicht unterschritten wird. In diesem Fall bestimmt sich der Zuschlagssatz:

$$Zuschlag[\%] = \frac{Umlagebetrag \_ x \_ 100}{Summe\_Einzelkosten\_der\_Teilleistungen}$$

Jedoch ist dieses Verfahren in Deutschland nicht üblich und führt wegen der verhältnismäßig hohen Zuschläge auf Stoffe und Fremdleistungen (denen allerdings niedrigere Zuschläge beim Lohn gegenüberstehen) bei Auftragsverhandlungen oft zu Schwierigkeiten. Bei Auslandsangeboten ist wegen des hohen Gemeinkostenanteils diese Art der Zuschlagsverteilung jedoch meist üblich.

Meist wird eine Verteilung gewählt, bei der die Lohnkosten einen hohen Anteil, die übrigen Kostenarten dagegen einen verhältnismäßig niedrigen Anteil erhalten. Oft verwendete Zuschlagssätze sind:

- Stoffkosten   20-30 %
- Gerätekosten   20-30 %
- Kosten der Fremdleistung 10-20 %

Haben die Stoffkosten einen außergewöhnlich hohen Anteil an den Einzelkosten der Teilleistungen, wie z.B. im Straßendeckenbau, so werden hierfür niedrigere Zuschlagssätze verwendet.

Der Restumlagebetrag muss somit nach folgender Formel auf die Lohnkosten umgelegt werden:

$$Lohnzuschlag = \frac{Rest-Umlagebetrag x 100}{Summe\_der\_Einzelkosten-Löhne}[\%]$$

Aus der Addition des Lohnzuschlages zum Mittellohn ergibt sich der Kalkulationslohn:

Mittellohn (ASL oder APSL)
+ Lohnzuschlag [%] x Mittellohn (ASL oder APSL)
= Kalkulationslohn

Damit ist die Umlage der Gemeinkosten und der Beträge für Wagnis und Gewinn abgeschlossen. Die mit den Zuschlägen beaufschlagten Kostenarten der einzelnen Positionen werden aufsummiert und ergeben somit den Einheitspreis.

| 4.2 | Kalkulation mit vorberechneten Zuschlägen |

Die Kalkulation mit vorberechneten Zuschlägen unterscheidet sich bei der Ermittlung der Einzelkosten der Teilleistungen nicht von der Kalkulation über die Angebotssumme. Der Unterschied trifft erst bei der Ermittlung der Gemeinkosten und der Durchführung der Umlage auf. Anstelle der individuell ermittelten Zuschläge tritt der vorberechnete Zuschlag, so dass Gemeinkostenermittlung und Umlage entfallen können.

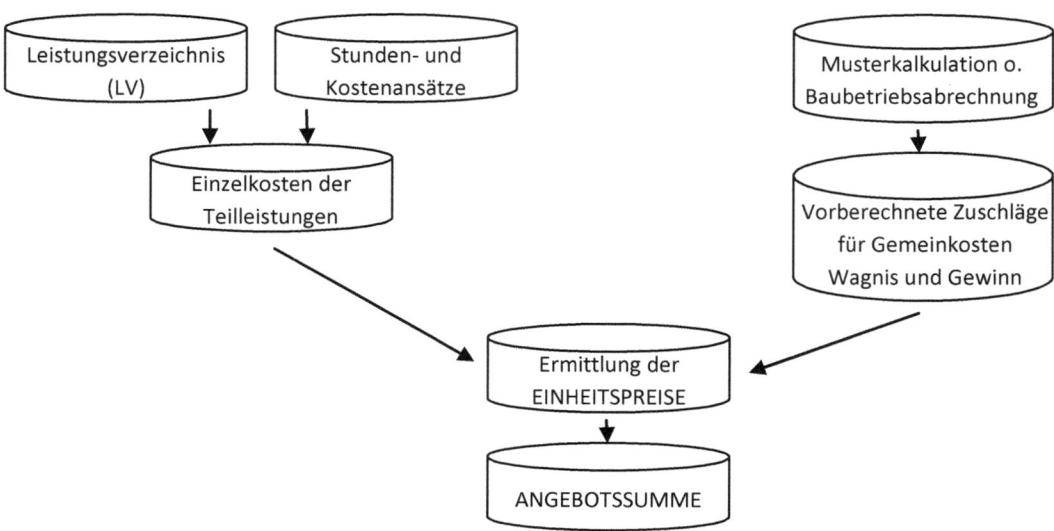

Für die Behandlung der Gemeinkosten im Leistungsverzeichnis (LV) werden meist folgende Varianten verwendet:

> Kosten für Auf- und Abbau, sowie Vorhalten der Baustelleneinrichtung werden in besonderen Positionen als Teilleistungen erfasst. Die restlichen Baustellengemeinkosten, die allgemeinen Geschäftskosten, Wagnis und Gewinn sind in die Einheitspreise einzurechnen.

> Die Kosten für den Auf- und Abbau der Baustelleneinrichtung werden in besonderen Positionen als Teilleistungen erfasst. Die restlichen Baustellengemeinkosten einschließlich der Vorhaltekosten der Baustelleneinrichtung, die allgemeinen Geschäftskosten, Wagnis und Gewinn sind in die Einheitspreise einzurechnen.

> Sämtliche Gemeinkosten, Wagnis und Gewinn sind in die Einheitspreise einzurechnen

Der Lohn erhält den höchsten Zuschlag, während die übrigen Kostenarten (Stoffe, Geräte, Fremdleistungen) geringer beaufschlagt werden.

Zur Ermittlung der Einheitspreise werden zunächst nur Aufwandswerte bzw. Kosten ohne Zuschläge in das Kalkulationsformular eingetragen. Nach der Summenbildung der Einzelansätze in den Kostenarten (Summe ohne Zuschläge) werden die Summen mit den jeweiligen Zuschlagssätzen multipliziert und daraus der Preis je Einheit gebildet. Der Preis je Teilleistung ergibt sich dann aus „Preis je Einheit x Menge".

[16]

	Einzelkosten der Teilleistungen
+	<u>Gemeinkosten der Baustelle</u>
=	Herstellkosten
+	<u>Allgemeine Geschäftskosten</u>
=	Selbstkosten
+	<u>Wagnis und Gewinn</u>
=	Angebotssumme (netto)
+	<u>MwSt (Mehrwertsteuer)</u>
=	**Angebotssumme (brutto)**

| B: | Durchführung der Kalkulation |

| 1. | Grundlagen der Kalkulation |

Zur Grundlage der Kalkulation gehören Erfahrung und Sachverstand des Kalkulierenden. Alle Personellen und Materiellen Kosten werden aufaddiert um ein Angebot zu erstellen. Um ein Angebot abzugeben werden in das Leistungsverzeichnis/Angebot die jeweiligen Einheitspreise eingetragen und mit der Menge multipliziert.

| 1.1 | Ausschreibung und Vergabe |

Alle primären Faktoren zur Ausschreibung sind in der DIN 1960 „VOB Vergabe- und Vertragsordnung für Bauleistungen- Teil A: Allgemeine Bestimmungen für die Vergabe von Bauleitungen" vorgegeben. Darunter gehören Basisparagraphen und zusätzliche Bestimmungen nach EG Richtlinien.
Im Allgemeinen werden jedoch die 33 Basisparagraphen verwendet.

| 1.2 | Baubeschreibung |

Lt § 9 DIN 1960:2006-05 wird eine „Beschreibung der Leistung" vorgeschrieben. Darin steht:

1. Die Leistung ist eindeutig und so erschöpfend zu beschreiben, dass alle Bewerber die Beschreibung im gleichen Sinne verstehen müssen und ihre Preise sicher und ohne umfangreiche Vorarbeiten berechnen können. Bedarfspositionen (Eventualpositionen) dürfen nur ausnahmsweise in die Leistungsbeschreibung aufgenommen werden. Angehängte Stundenlohnarbeiten dürfen nur in dem unbedingt erforderlichen Umfang in die Leistungsbeschreibung aufgenommen werden.
2. Dem Auftragnehmer darf kein ungewöhnliches Wagnis aufgebürdet werden für Umstände und Ereignisse, auf die er keinen Einfluss hat und deren Einwirkung auf die Preise und Fristen er nicht im Voraus schätzen kann.
3. (1) Um eine einwandfreie Preisermittlung zu ermöglichen, sind alle beeinflussenden Umstände festzustellen und in den Verdingungsunterlagen anzugeben.
(2) Erforderlichenfalls sind auch der Zweck und die vorgesehene Beanspruchung der fertigen Leistung anzugeben.
(3) Die für die Ausführung der Leistung wesentlichen Verhältnisse der Baustelle, z.B. Boden- und Wasserverhältnisse, sind so zu beschreiben, dass der Bewerber ihre Auswirkungen auf die bauliche Anlage und die Bauausführung hinreichend beurteilen kann.
(4) Die „Hinweise für das Aufstellen der Leistungsbeschreibung" in Abschnitt 0 der Allgemeinen Technischen Vertragsbedingungen für Bauleistungen, DIN 18299 ff., sind zu beachten.
4. Bei der Beschreibung der Leistung sind die verkehrsüblichen Bezeichnungen zu beachten.

| 1.3 | Leistungsverzeichnis |

Die Leistung soll in der Regel durch allgemeine Darstellung der Bauaufgabe (Baubeschreibung) und ein in Teilleistungen gegliedertes Leistungsverzeichnis (LV) beschrieben werden.

Erforderlichenfalls ist die Leistung auch zeichnerisch oder durch Probestücke darzustellen oder anders zu erklären, z.B. durch Hinweise auf ähnliche Leistungen, durch Mengen- oder statische Berechnungen. Zeichnungen und Proben, die für die Ausführung maßgebend sein sollen, sind eindeutig zu bezeichnen.

Leistungen, die nach den Vertragsbedingungen, den Technischen Vertragsbedingungen oder der gewerblichen Verkehrssitte zu der geforderten Leistungen gehören (§2 Nr. 1 VOB/B) brauchen nicht besonders aufgeführt zu werden.

Im Leistungsverzeichnis (LV) ist die Leistung derart aufzugliedern, dass unter einer Ordnungszahl (Position) nur solche Leistungen aufgenommen werden, die nach ihrer technischen Beschaffenheit und für die Preisbildung als in sich gleichartig anzusehen sind. Ungleiche Leistungen sollen unter einer Ordnungszahl (Sammelposition) nur zusammengefasst werden, wenn eine Teilleistung gegenüber einer anderen für die Bildung eines Durchschnittspreises ohne nennenswerten Einfluss ist.

2.	Gliederung der Kalkulation

2.1.	Einzelkosten der Teilleistung

2.1.1.	Lohnkosten (A; AS; ASL)

Die Lohnkosten sind die Summe aller lohnbezogenen Ausgaben, die in einem bestimmten Zeitraum für Arbeitnehmer gezahlt werden.

Wichtig bei der Erhebung von Lohnkosten ist die Berechnungsmethode, denn daraus können unterschiedliche Ergebnisse resultieren. Meist werden die absoluten Lohnkosten pro Stunde berechnet. Sie können auch pro Kopf berechnet werden. Aussagekräftiger sind allerdings die Lohnstückkosten, da sie die Lohnkosten nicht auf Arbeitsstunden oder Anzahl der Arbeitnehmer beziehen, sondern auf die erwirtschaftete Leistung, wie beispielsweise die Anzahl und der Wert der hergestellten Produkte. Daher Preis je Einheit.

2.1.2.	Sonstige Kosten (Material bzw. Baustoffe)

Baustoffkosten sind schwankende Kosten. Sie variieren je nach Menge und Qualität der Materialien. Auf diese Kosten wird entweder ein fixer %-Satz zugerechnet oder für jede Einheit gesondert aufgeschlagen.

2.1.3.	Gerätekosten (Z.B. nach BGL 2010)

Baugerätekosten werden anhand einer Baugeräteliste (BGL) ausgerechnet. In dieser Liste wird mit dem Kaufwert, der Abnutzung und der Auslastung ein Wert ermittelt, welcher Prozentual erhoben wird und in die Kalkulation mit einfließt.

2.1.4.	Kosten der Fremdleistungen (Nachunternehmer, Subunternehmer)

Fremdleistungen werden in der Regel pauschal mit Zuschlägen versehen. Diese beinhalten einen Zuschlag auf Risiken und Ausfall. Da man trotz Verträgen oftmals noch etwas mehr wie die vereinbarten Beträge berechnet bekommt, ist dieser Aufschlag eine Sicherheit.

2.2. Gemeinkosten der Baustelle

Die Gemeinkosten der Baustelle entstehen durch den Betrieb der Baustelle, lassen sich aber den einzelnen Teilleistungen nicht direkt zuordnen.
Für ihre Verrechnung ist der Aufbau des Leistungsverzeichnisses zu beachten. Sind im Leistungsverzeichnis gesonderte Positionen z.B. für das Einrichten und Räumen der Baustelle oder die Vorhaltung der Geräte und Einrichtungen enthalten, so müssen die dafür erforderlichen Aufwendungen trotz ihres Gemeinkostencharakters als EINZELKOSTEN der Teilleistungen behandelt werden. IST DIES NICHT DER Fall; gehören diese Kosten zu den Gemeinkosten der Baustelle.

Um bei einer Änderung der Bauzeit sofort den EInfluß auf die Kosten zu erkennen, empfiehlt sich eine Trennung der Gemeinkosten in

- Zeitabhängige
und
- einmalige Kosten.

Zeitabhängige sind:

A1 Vorhaltekosten der Geräte und Einrichtungen
Soweit Geräte, wie z.B. Turmdrehkran, Aggregate, Mischer, sich nicht einzelnen Teilleistungen zuordnen lassen, werden die Vorhaltekosten dafür als Gemeinkosten verrechnet.

A2 Betriebsstoffkosten
Hier handelt es sich um Kosten für den Betrieb der Baustelleneinrichtung.
Dazu gehören auch Kosten für Beleuchtung und Heizung des Baubüros und der Unterkünfte, Beleuchtung der Arbeitsplätze und Kosten für Wasser und Abwasser der sanitären Anlagen.

A3 Baustellengehälter
Diese Kosten für Bauleiter, Bauführer, Abrechner und Poliere bzw. Schachtmeister (soweit sie nicht im Mittellohn berücksichtigt werden) richten sich nach der Dauer der Anwesenheit des Personals auf der Baustelle und den durchschnittlichen persönlichen Bezügen im Monat einschließlich der Zulage zur Vermögensbildung.

A4 Allgemeine Baukosten
Weitere Baukosten, die regelmäßig bei der Durchführung einer Baumaßnahme anfallen, sind:

Hilfslöhne für Magaziner, Boten u. Wärter, sowie Wartungs- und Reparaturpersonal wie Schlosser, Elektriker oder KFZ Mechaniker.

Instandhaltungskosten für den Unterhalt der Baustelleneinrichtung und der Baustraßen, sowie Aufräumarbeiten sind ggf. in gesonderten Ansätzen zu erfassen.

Bürokosten
Hierunter fallen Kosten für Telefon und sonstige Postgebühren, Büromaterial, Spesen…usw.

Reisekosten
Für die Fahrten der Bauleitung und kleinere Versorgungsfahrten der Baustelle sind Kosten für Benutzung privater PKW´s oder baustelleneigener Fahrzeuge einzusetzen.

A5   Sonderkosten

Zeitabhängige Sonderkosten sind Pachten, Mieten, Entschädigungen und besondere Finanzierungskosten für den Baustellenlagerplatz bzw. die erforderlichen – Arbeitsplätze.

Einmalige Kosten sind:

B1   Kosten der Baustelleneinrichtung u. – Räumung
Hierunter sind sämtliche Kosten zusammenzufassen, die für die Einrichtung der Geräte, Anlagen oder sonstige Ausrüstungen der Baustelle anfallen. Im einzelnen gehören dazu:

- Kosten für das Auf- und Abladen der Maschinen, Geräte, Baubuden, Bauwagen, Einrichtungen und Installationen auf dem Bauhof und auf der Baustelle

- Transportkosten für die genannten Maschinen und Ausrüstungsgegenstände

- Kosten für den Auf-, um- und Abbau der Maschinen, Geräte, Gerüste usw

- Auf- und Abbaukosten der Baustelleninstallation für Wasser, Strom, Abwasser, Druckluft, Telefon und Energie für Heizung

- Herstellen und Rückbau von Zufahrt- und Baustellenstraßen, Arbeitsplätzen, Bauschildern und Wegweisern.

B2   Lohnbezogene Kosten

- Kosten für Kleingeräte und Werkzeuge, wie z.B. Hämmer, Sägen, Schaufeln und Hacke

- Kosten für Nebenstoffe und Nebenfrachten wie z.B. Bindedraht, Nägel, Schalöl, Putzwolle, Wasserstoff und Sauerstoff usw.

- Sonstige allgemeine Kosten wie z.B. Gebühren für Strom- und Wasseranschluss

B3   Technische Bearbeitung
Kosten für die technische Bearbeitung können entstehen bei Erstellung von ausführungsreifen Bauplänen (Statik, Schal- und Bewehrungsplänen) für den Bauherrn. Arbeitsvorbereitung sowie Baustoff- und Baugrunduntersuchungen.

B4   Besondere Wagnisse, Bauleistungsversicherung
Besondere Wagnisse können durch Lohn- und Stoffpreiserhöhungen, Massenrisiko beim Pauschalvertrag, Hochwassergefahren usw. entstehen.
Das Risiko der Gefahrtragung für unvorhersehbare Beschädigung oder Zerstörung der Bauleistung kann durch eine Bauleistungsversicherung abgedeckt werden.

2.3. Allgemeine Geschäftskosten

Unter „Allgemeinen Geschäftskosten" versteht man die Kosten, welche einem Unternehmen nicht durch einen bestimmten Bauauftrag, sondern durch den Betrieb als Ganzes entstehen. Sie können als sogenannte Gemeinkosten den Baustellen nicht direkt, sondern nur über einen Verteilerschlüssel (Umlagebetrag) zugerechnet werden.

Zu den „Allgemeinen Geschäftskosten" zählen:

- Kosten der Unternehmensleitung und –Verwaltung, wie z.B. Gehälter und Löhne des dort beschäftigten Personals einschließlich der gesetzlichen und tariflichen Sozialkosten, Büromiete oder Abschreibung eigener Gebäude, Heizung, Beleuchtung, Büromaterial Reisekosten usw.

- Kosten des Bauhofes, der Werkstatt, des Fuhrparks, soweit diese Kosten den einzelnen Baustellen nicht mit Hilfe von innerbetrieblichen Verrechnungssätzen zugerechnet werden und somit in den Gemeinkosten der Baustellen erfasst werden.

- Freiwillige soziale Aufwendungen für die gesamte oder Teilen der Belegschaft (Betriebspensionen, Unterstützungen usw.).

- Steuern und öffentliche Abgaben, soweit diese nicht gewinnabhängig sind (Grund- und Vermögenssteuer).

- Beiträge zu Verbänden (SOKA; HWK; IHK; AG Verband; Betonverein; Fachverband; Innungen)

- Versicherungen

- Sonstige „Allgemeine Geschäftskosten" Werbung; Anzeigen in Zeitungen; Repräsentation, Rechtskosten; Patent und Lizenzgebühren)

2.4. Bauzinsen

Für jede Baumaßnahme ist eine Vorfinanzierung erforderlich, da der Unternehmer eine Leistung erbringen muss, die erst später vom Auftraggeber bezahlt wird.
Diese Bauzinsen könnten zwar als Gemeinkosten der Baustelle verrechnet werden, sie lassen sich aber am einfachste als Prozentsatz der Bauleistung erfassen.
Ihre Höhe richtet sich nach der vorgesehenen Zahlungsweise. Im Allgemeinen werden Abschlagszahlungen an jedem Monatsende in Rechnung gestellt. Bis die Rechnung geprüft und zur Zahlung angewiesen wird, vergehen ungefähr 1,5 – 2 Monate, so dass durchschnittlich die Produktion von 2 Monaten vorfinanziert werden muss.
Bei einem Zinsfuß von 6 %, ergibt sich folgende Zinsbelastung in Bezug auf die Bauleistung:

$$z = 2 Monate \ x \ \frac{6\%}{12 Monate} = 1(\%)$$

2.5. Wagnis und Gewinn

Unter **Wagnis** versteht man das allgemeine Unternehmerwagnis (Preisrisiko, Konjunkturrisiko, Gewährleistung) und das besondere Einzelrisiko, das auf ein bestimmtes Bauvorhaben beschränkt ist. (Konventionalstrafen, neue Bauverfahren, Schlechtwetter und Anderes). Es wird daher ein bestimmter Prozentsatz des Umsatzes oder des investierten Kapitals zur Abdeckung dieser Risiken in den Preis als Bestandteil des Gewinnzuschlages einkalkuliert.

Der Gewinn ist das angemessene Entgelt für die unternehmerische Leistung. Wird zum Beispiel der Unternehmer selbst nicht aktiv, so müsste er stattdessen das Gehalt für einen leitenden Angestellten bezahlen.
Der Gewinn ist als langfristiges Ergebnis zu beachten, da die Verluste schlechter Jahre durch die Gewinne guter Jahre ausgeglichen werden. Ein angemessener Gewinn dient zur Bildung von Rücklagen und zur Neuinvestition für die Erweiterung und Modernisierung des Unternehmens. Der Gewinn ist das Ergebnis aus Umsatz (Netto-Verkaufspreis) minus Aufwand (Selbstkostenpreis).

2.6. Mehrwertsteuer

Die Umsatzsteuer oder Mehrwertsteuer ist ein Durchlaufposten, sie macht aus Nettoangebotssumme die Bruttoangebotssumme und ist bei Rechnungsstellung über die Umsatzsteuervoranmeldung an das Finanzamt abzuführen.

Vorsteuerabzug: Vorsteuer geltend machen. Für Materialien bezahlt der Unternehmer Mehrwertsteuer/Umsatzsteuer auf die Ware. Diese kann er mit der Mehrwertsteuer/Umsatzsteuer seiner eigenen Rechnung geltend machen, sozusagen verrechnen.

Beispiel: Die Firma A kauft Ware zum Bruttopreis von 100 €. Daraus resultiert eine Vorsteuer von 15,97 €. Nun verkauft die Firma A die Ware im Sinne des Auftrages und schreibt eine Rechnung über 108 € Brutto. Aus dieser Rechnung erfolgt eine Mehrwertsteuer/Umsatzsteuer von 17,24 €. Die Differenz dieser beiden Steuern beträgt 1,27 €. Diesen Betrag muss der Unternehmer an das Finanzamt abführen.

3. Ablauf der Kalkulation

3.1. Kalkulation über die Angebotssumme

In der Endsummenkalkulation oder Kalkulation über die Endsumme wird zunächst wie in der Zuschlagskalkulation gerechnet. Alle Anteile aus den Zuschlägen für Baustellengemeinkosten, Allgemeine Geschäftskosten; und „Wagnis + Gewinn" sowie eventuelle „Umlagen", die ebenfalls mit diesen Prozentsätzen bezuschlagt sind, werden gesammelt und nach einem frei gewählten Schlüssel verteilt (umgelegt).

Die Umlagebasis für den Lohn ist der Kalkulationslohn.

Die Umlagebasis für die übrigen Kostenarten ist der Euro-Betrag aus den Kostenansätzen.

Der Umlage-Einheitspreis wird aus der Addition von Kalkulationslohn zuzüglich Umlageprozentsatz und den übrigen Kostenarten mit ihren jeweiligen Umlageprozentsätzen berechnet. Zusätzliche Umlagen können auch direkt auf einzelne Positionen umgelegt werden. Diese umgelegten Beträge werden vorab aus den gesammelten Zuschlägen entnommen.

3.2. Kalkulation mit vorberechneten Zuschlägen

Bei der Kalkulation mit vorberechneten Zuschlägen werden die Gemeinkosten eines Unternehmens nicht nach Gemeinkosten der Baustelle und allgemeinen Geschäftskosten unterschieden. Vielmehr ermittelt das Unternehmen die Gemeinkosten insgesamt aus der Rückschau und prognostiziert diese darauf aufbauend für die Zukunft. Sie werden dann als Prozentsatz des Gesamtumsatzes oder der Gesamtherstellkosten festgelegt und auf die Herstellkosten jedes Projekts prozentual beaufschlagt.

Die Zuschlagssätze können ggf. nach Kostenarten unterschiedlich festgelegt werden.

Das Verfahren der Kalkulation mit vorberechneten Zuschlägen ist in der Bauwirtschaft verbreitet. Es kommt insbesondere dann zur Anwendung, wenn ein Unternehmen aufgrund seiner Struktur oder seiner Tätigkeit die Gemeinkosten der Baustelle nicht den einzelnen Projekten, sprich dem Verursacher direkt zuordnen kann. Das ist oftmals bei kleineren Betrieben der Fall oder bei Betrieben, die kleinere oder kurzfristige Aufträge abwickeln. In diesen Fällen ist es z.B. nicht möglich, die Gehaltskosten des Bauleiters, die den Gemeinkosten der Baustellen zuzurechnen sind, einem bestimmten Projekt zuzuordnen, weil der Bauleiter mehrere Projekte gleichzeitig betreut.

Hinsichtlich der allgemeinen Geschäftskosten ist es das üblicherweise angewendete Verfahren.

Das Prinzip Kalkulation mit vorberechneten Zuschlägen besteht darin, dass über alle Baustellen die Gemeinkosten des Unternehmens erwirtschaftet werden und nicht die projektspezifischen über das bestimmte Projekt.

Praktische Berechnungsbeispiele:

Auf den folgenden Seiten sind Formblätter zum Vervielfältigen abgebildet. Diese können zu Übungs- bzw. Wiederholungszwecken verwendet werden.

Um eine korrekte Angebotskalkulation zu erstellen ist es erforderlich einige Kenndaten zu erhalten. Für die jeweiligen Aufgaben stehen diese Kenndaten im Aufgabensatz.

Zuerst folgt eine genaue Erklärung zu Formblatt I für die Angebotskalkulation:

In diesem Formblatt werden nacheinander die einzelnen Schritte erklärt die benötigt werden um das Blatt vollständig und korrekt auszufüllen.

Kalkulationsformblatt: Lohnkosten-Kalkulationslohn €/h

Projekt: .... **Kalkulator:** **Datum:** **Blatt Nr.:**

Nr.

I Mittellohn

Hier wird die Anzahl der benötigten Arbeitskräfte eingetragen. Einzig der Oberpolier, Polier und Meister werden in der Summe nicht berücksichtigt.

Hier werden die einzelnen Lohnkosten pro Person eingetragen. In der Summe werden hier Oberpolier, Polier und Meister mit aufgelistet

	Baggerführer/Maschinist
	...er (Aufsicht)
	...ster (Aufsicht)
	...kpolier
	...arbeiter
	...aufacharbeiter
	Facharbeiter
	Fachwerker

Summe Lohn:

Summe Lohn €/h: 0
Summe Arbeitskräfte (ohne Aufsicht): 0

Zulagen und Zuschläge		
Leistungszulagen	___% auf ___	___% h = 0 %
Schmutzzulagen	___% auf ___	___% h = 0 %
Höhenzulagen	___% auf ___	___% h = 0 %
Erschütterungszulagen	___% auf ___	___% h = 0 %
Druckluftzulagen	___% auf ___	___% h = 0 %
Überstundenzuschlag	___% auf ___	___% h = 0 %
Nachtzuschlag	___% auf ___	___% h = 0 %
Sonn- und Feiertagszuschlag	___% auf ___	___% h = 0 %
Zuschlag für Wegeverlustzeiten	___% auf ___	___% h = 0 %

Vermögensbildung ___ 0,13 €/h

Ermittlung Lohnnebenkosten LNK (ohne anteilige Sozialkosten)

	Anzahl	Einzel €/AD	Gesamt €/AD
...g			
...mfahrt			
...rgütung			
...enabgeltung			
...gszuschuß			
Wohnlagerbetriebskosten			
Arbeitertransport			
Summe			

$$LNK\ (€/h) = \frac{\text{Summe LNK}}{\text{Summe Arbeitskräfte LNK}} = \frac{0\ €/AD}{0\ \times\ 7{,}8\ h/AD} = \underline{\quad\quad}\ €/h$$

LNK = ___ % von MLA

ML ___ €/h

___ %

I Mittellohn einschließlich Zulagen, Zuschlägen, Vermögensbildung → MLA ___ €/h
II Lohnnebenkosten (LNK) ___ → LNK ___ €/h
III Sozialaufwand (gemäß Anweisung der Geschäftsleitung) ___ % x 1/100 x ___ ML x 1,5 Sozialzuschlag → Soz ___ €/h
IV Sonstige lohnabhängige Kosten → Sonst. ___ €/h
V Lohnkostenerhöhungen (einschließlich Sozialaufwand und Änderung des Sozialaufwands) → Lerh. ___ €/h

Kalkulationslohn → ASL ___ €/h

Kalkulationsformblatt: Lohnkosten-Kalkulationslohn €/h   Blatt Nr.:

Projekt: _____ Nr.: _____ Kalkulator: _____ Datum: _____

I Mittellohn €/h Tarifvertrag vom ....

Arbeitskräfte (Anzahl x Einsatzzeit in %)	Lohn Einzeln	Lohn Gesamt
Oberpolier (Aufsicht)		
Polier, Meister (Aufsicht)		
Werkpolier		
Vorarbeiter		
Spezialtiefbaufacharbeiter		
Facharbeiter		
Fachwerker		
Geräteführer/Maschinist		

Hier werden die Zulagen und Zuschläge in % eingetragen. Jeweils in % auf die einzelnen Stunden

Summe Lohn:

Summe Lohn €/h: 0
Summe Arbeitskräfte (ohne Aufsicht): 0

Zulagen und Zuschläge	___ % auf	___ % h =	0 %	
Leistungszulagen	___ % auf	___ % h =	0 %	
Schmutzzulagen	___ % auf	___ % h =	0 %	
Höhenzulagen	___ % auf	___ % h =	0 %	
Erschütterungszulagen	___ % auf	___ % h =	0 %	
Druckluftzulagen	___ % auf	___ % h =	0 %	
Überstundenzuschlag	___ % auf	___ % h =	0 %	
Nachtzuschlag	___ % auf	___ % h =	0 %	
Sonn- und Feiertagszuschlag	___ % auf	___ % h =	0 %	
Zuschlag für Wegeverlustzeiten	___ % auf	___ % h =	0 %	

Vermögensbildung: 0,13 €/h

Ermittlung Lohnnebenkosten LNK (ohne anteilige Sozialkosten)

	Anzahl	Einzel €/AD	Gesamt €/AD
Auslösung			
Fam. Heimfahrt			
Reisezeitvergütung			
Fahrtkosten			
Verpflegung			
Wohnkosten			
Arbeitskleidung			
Summe			

Zur Ermittlung der Lohnnebenkosten werden die Anzahl der Personen und die jeweiligen Kosten eingetragen und multipliziert. Nachdem diese Summe durch die Anzahl der Personen dividiert wurde, erhält man den Anteil am Mittellohn

Summe LNK
Summe Arbeitskräfte LNK

LNK = 0 / ___ x 7,8 h/AD

= ___ €/h = ___ % von MLA

Mittellohn einschließlich Zulagen, Zuschlägen, Vermögensbildung

II Lohnnebenkosten (LNK) _____ % x 1/100 x ____ ML x 1,5 Sozialzuschlag

III Sozialaufwand und (gemäß Anweisung der Geschäftsleitung)

IV Sonstige lohnabhängige Kosten

V Lohnkostenerhöhungen (einschließlich Sozialaufwand und Änderung des Sozialaufwands)

Kalkulationslohn

___ €/h	MLA
___ €/h	LNK
___ €/h	Soz
___ €/h	Sonst.
___ €/h	Lerh.
___ €/h	ASL

Formblatt 2 als Kopiervorlage

Kalkulationsformblatt: Lohnkosten-Kalkulationslohn €/h

Projekt: Nr. Kalkulator: Datum: Blatt Nr.:

I Mittellohn ____ €/h Tarifvertrag vom: ....

Arbeitskräfte (Anzahl x Einsatzzeit in %)	Lohn Einzeln	Lohn Gesamt
Oberpolier (Aufsicht)		
Polier, Meister (Aufsicht)		
Werkpolier		
Vorarbeiter		
Spezialtiefbaufacharbeiter		
Facharbeiter		
Fachwerker		
Baggerführer/Maschinist		
Summe Lohn:		

Ermittlung Lohnnebenkosten LNK (ohne anteilige Sozialkosten)

	Anzahl	Einzel €/AD	Gesamt €/AD
Auslösung			
Fam. Heimfahrt			
Reisezeitvergütung			
Fahrtkostenabgeltung			
Verpflegungszuschuß			
Wohnlagerbetriebskosten			
Arbeitertransport			
Summe			

Summe LNK 0 €/AD
Summe Arbeitskräfte LNK 0 x 7,8 h/AD

LNK (€/h) =   LNK = ____ €/h = ____ % von MLA

Summe Lohn €/h   0
Summe Arbeitskräfte (ohne Aufsicht)   0

Zulagen und Zuschläge	___ % auf ___	% h =	0 %
Leistungszulagen	___ % auf ___	% h =	0 %
Schmutzzulagen	___ % auf ___	% h =	0 %
Höhenzulagen	___ % auf ___	% h =	0 %
Erschwerungszulagen	___ % auf ___	% h =	0 %
Druckluftzulagen	___ % auf ___	% h =	0 %
Überstundenzuschlag	___ % auf ___	% h =	0 %
Nachtzuschlag	___ % auf ___	% h =	0 %
Sonn- und Feiertagszuschlag	___ % auf ___	% h =	0 %
Zuschlag für Wegeverlustzeiten	___ % auf ___	% h =	0 %

Vermögensbildung   0,13 €/h

Mittellohn einschließlich Zulagen, Zuschlägen, Vermögensbildung   ____ €/h **MLA**

II Lohnnebenkosten (LNK) ____   ____ €/h **LNK**

III Sozialaufwand ____ % x 1/100 x ____ ML x 1,5 Sozialzuschlag   ____ €/h **Soz**
(gemäß Anweisung der Geschäftsleitung)

IV Sonstige lohnabhängige Kosten   ____ €/h **Sonst.**

V Lohnkostenerhöhungen (einschließlich Sozialaufwand und Änderung des Sozialaufwands)   ____ €/h **Lerh.**

Kalkulationslohn   ____ €/h **ASL**

Kalkulationsformblatt: Lohnkosten-Kalkulationslohn €/h

Blatt Nr.:

Projekt: Nr.   Kalkulator: Datum:

I Mittellohn €/h Tarifvertrag vom …………………

Arbeitskräfte (Anzahl x Einsatzzeit in %)		Lohn Einzeln	Lohn Gesamt
	Oberpolier (Aufsicht)		0
1	Polier, Meister (Aufsicht)	22,39	22,39
1	Werkpolier	17,2	17,2
1	Vorarbeiter	15,77	15,77
	Spezialtiefbaufacharbeiter		0
3	Facharbeiter	13,76	41,28
4	Fachwerker	12,5	50
4	Baggerführer/Maschinist	15,01	60,04
13		**Summe Lohn:**	**206,68**

Summe Lohn €/h   206,68
Summe Arbeitskräfte (ohne Aufsicht)   13

Zulagen und Zuschläge	15	% auf		7,5 % h =	
Leistungszulagen		% auf		0 % h =	
Schmutzzulagen		% auf		0 % h =	
Höhenzulagen		% auf		0 % h =	
Erschütterungszulagen		% auf		0 % h =	
Druckluftzulagen		% auf		0 % h =	
Überstundenzuschlag	25	% auf	25	6,25 % h =	
Nachtzuschlag		% auf		0 % h =	
Sonn- und Feiertagszuschlag	75	% auf	3	2,25 % h =	
Zuschlag für Wegeverlustzeiten		% auf		0 % h =	

ML   15,9 €/h

     2,544 €/h

Vermögensbildung   0,13 €/h

Mittellohn einschließlich Zulagen, Zuschlägen, Vermögensbildung   **18,57 €/h**   MLA

II Lohnnebenkosten (LNK)   10,29 % x 1/100 x _____ ML x 1,5 Sozialzuschlag   **2,45 €/h**   LNK

III Sozialaufwand (gemäß Anweisung der Geschäftsleitung)   112%   **20,80 €/h**   Soz

IV Sonstige lohnabhängige Kosten   15%   **2,79 €/h**   Sonst.

V Lohnkostenerhöhungen (einschließlich Sozialaufwand und Änderung des Sozialaufwands)   _____ €/h   Lerh.

Kalkulationslohn   **44,61 €/h**   ASL

Ermittlung Lohnnebenkosten LNK (ohne anteilige Sozialkosten)

	Anzahl	Einzel €/AD	Gesamt €/AD
Auslösung	2	34,5	69,00
Fam. Heimfahrt			
Reisezeitvergütung			
Fahrtkostenabgeltung	4	8	32,00
Verpflegungszuschuß	4	12	48,00
Wohnlagerbetriebskosten			
Arbeitertransport			
Summe	**10**		**149,00**

Summe LNK   149 €/AD
LNK (€/h) = Summe Arbeitskräfte LNK   =   10   x   7,8 h/AD

LNK =   1,91

=   1,91 €/h =   10,29   % von MLA

| C. | Grundbegriffe für die Gerätekostenermittlung: |

1. Zeitbegriffe zur Gerätekostenermittlung

Herstellung ◄──────── Lebensdauer ────────► Verschrottung

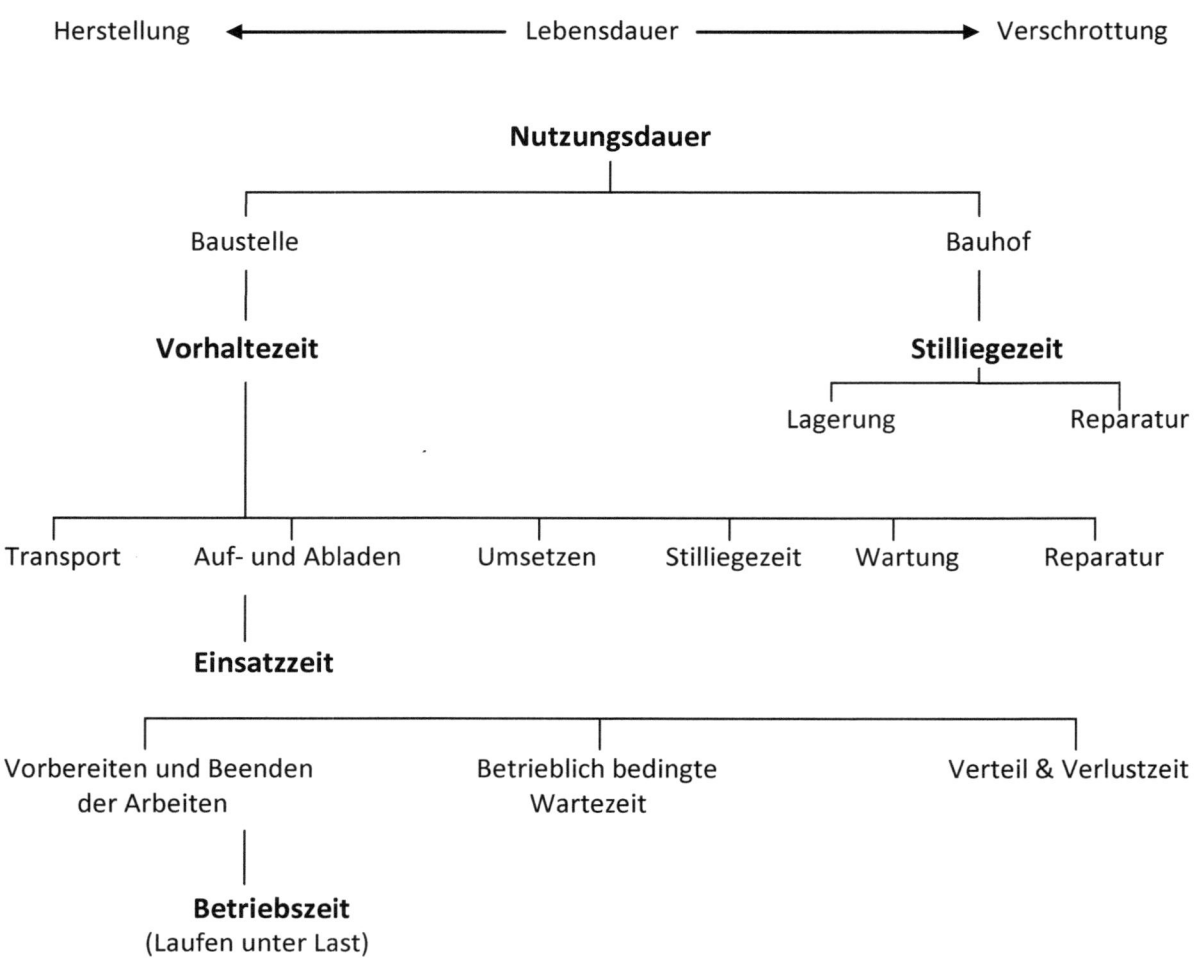

Begriffserläuterung:

Vorhaltezeit:
Zeit, in der ein Baugerät für eine Baumaßnahme zur Verfügung steht. Sie umfasst die Zeit für den An- und ggf. Abtransport, den Auf- und Abbau, das Umrüsten sowie die Betriebszeiten, betriebsbedingte Wartezeiten, Zeit für das Umsetzen, Stillliegezeiten und Zeit für Wartung und Pflege

Einsatzzeit:
Zeit für die planmäßige Nutzung einer Baumaschine, als Teil der Vorhaltezeit gegliedert in die Hauptnutzungszeit, Nebennutzungszeit, Zeit für zusätzliche Nutzung und Zeiten für ablauf-, persönlich- und störungsbedingte Unterbrechungen.

Betriebszeit:
die Zeit, in der eine Baumaschine eine vorgesehene Leistung ausführt, einschließlich der Zeit für zusätzliche Nutzung und Nebennutzung.

Diese Legende gibt eine grobe Übersicht der Einsatzplanung und der Kosten eines Baugerätes. In dem nachfolgendem Formblatt sind die Vorhaltestunden, und andere Zeiten vorgegeben.
[30]

Formblatt 3 als Kopiervorlage

Ermittlung der Gerätekosten für ....

(Bezeichnung des Gerätes)

....

(Gerätenummer nach BGL)

Ausgangswerte:

- Monatlicher Abschreibungs- und Verzinsungsbetrag lt. BGL = _____ €/Monat

- Monatlicher Reparaturkostenbetrag lt. BGL = _____ €/Monat

- Treibstoffverbrauch/Einsatzstunde = _____ L/kW, Eh

- Schmierstoffkosten (20% der Treibstoffkosten) = _____ €/L
  Kosten des Kraftstoffes

➢ Vorhaltestunden (VH)	175 Vh/Monat
➢ Vorhaltezeit (Kd)	30 Kd/Monat
➢ Einsatzzeit	20 Kd/Monat
➢ Einsatzstunden (Eh) 20d x 8 h	160 Eh/Monat
➢ Betriebsstunden (Bh) 0,75 x 160	120 Bh/Monat

(25 %iger Abzug von den Einsatzstunden für Rüst-, Warte- und Verteilzeiten)

Gerätekosten/Monat:

- Abschreibung und Verzinsung   (A+V) = _____ €
- Reparatur   (R) = _____ €
- Treibstoffkosten _____ kW x _____ x 160 x _____ €/L = _____ €
- Schmierstoffkosten 0,20 x _____ = _____ €

Gesamtgerätekosten / Monat: = _____ €

Gerätekosten / Kalendertag (:30)	= _____ €
Gerätekosten / Vorhaltestunde (:175)	= _____ €
Gerätekosten / Einsatzstunde (:160)	= _____ €
Gerätekosten / Betriebsstunde (:120)	= _____ €

Auszug aus der Baugeräteliste 2001:

D.1.01 Hydraulikbagger auf Rädern > 6 t (Eigengewicht) BGL 1991-Nr. 3151
MOBILBAGGER HYD

Standardausrüstung:
Grundgerät mit Dieselmotor, Luftbereifung (8-fach), Allradantrieb, einschl. Hydraulikzylinder für Auslegerunterteil, Fahrerkabine.

Kenngröße: Motorleistung (kW).

Nr.	Motorleistung kW	Tieflöffelinhalt m³	Gewicht kg	Mittlerer Neuwert Euro	Monatliche Reparaturkosten Euro	Monatlicher Abschreibungs- und Verzinsungsbetrag von Euro bis	
D.1.01.0050	50	0,3	9 500	92 000,00	1 470,00	R ,00	2 020,00 A+V
D.1.01.0080	80	0,7	13 500	133 000,00	2 130,00	2 660,00	2 930,00

Zusatzausrüstungen:

D.1.01.0***.AE	Hochelastikbereifung BEREIFUNG HOCHELAST						
	Werterhöhung	Nr. ≤0080	1 000	6 900,00	110,00	138,00	152,00
	Werterhöhung	Nr. >0080	1 000	10 500,00	168,00	210,00	231,00
D.1.01.0***.AF	Breitreifen BREITREIFEN						
	Werterhöhung			2 300,00	37,00	46,00	50,50
D.1.01.0***.AG	Klapparmstützen (1 Paar) KLAPPARMSTUETZ PAAR						
	Werterhöhung	Nr. ≤0060	1 000	6 250,00	100,00	125,00	138,00
	Werterhöhung	Nr. >0060-≤0080	1 100	7 650,00	122,00	153,00	168,00
	Werterhöhung	Nr. >0080	1 200	10 200,00	163,00	204,00	224,00
D.1.01.0***.AH	Schildabstützung SCHILDABSTUETZUNG						
	Werterhöhung	Nr. 0050	500	3 170,00	50,50	63,50	69,50
	Werterhöhung	Nr. 0060	500	4 500,00	72,00	90,00	99,00
	Werterhöhung	Nr. 0080	800	6 350,00	102,00	127,00	140,00
	Werterhöhung	Nr. 0100	1 000	10 200,00	163,00	204,00	224,00
D.1.01.0***.AJ	Zweiwegefahrzeugeinrichtung komplett ZWEIWEGEEINRICHTUNG						
	Werterhöhung		2 000	66 500,00	1 060,00	1 330,00	1 460,00

Weitere Zusatzausrüstungen für D.1.00, D.1.01:

D.1.0*.0***.AK	Überlastwarneinrichtung UEBERLASTWARNEINR					
	Werterhöhung	Nr. ≤0080	920,00	14,50	18,50	20,00
	Werterhöhung	Nr. >0080-≤0130	1 530,00	24,50	30,50	33,50
	Werterhöhung	Nr. >0130-≤0230	2 350,00	35,50	44,50	49,50
	Werterhöhung	Nr. >0230	3 070,00	46,00	58,50	64,50
D.1.0*.0***.AL	Hydraulikausrüstung für Zubehör HYD AUSRUEST ZUBEHOE					
	Werterhöhung	Nr. ≤0130	6 150,00	98,50	123,00	135,00
	Werterhöhung	Nr. >0130	9 950,00	149,00	189,00	209,00
D.1.0*.0***.AM	Hydraulikausrüstung für Greifer HYD AUSRUEST GREIFER					
	Werterhöhung	Nr. ≤0100	2 810,00	45,00	56,00	62,00
	Werterhöhung	Nr. 0130	4 090,00	65,50	82,00	90,00
	Werterhöhung	Nr. >0130	4 090,00	77,00	77,50	86,00
D.1.0*.0***.AN	Hubbegrenzung HUBBEGRENZUNG					
	Werterhöhung	Nr. ≤0130	2 200,00	35,00	44,00	48,50
	Werterhöhung	Nr. >0130	2 200,00	33,00	42,00	46,00

D 15

Mit diesem Auszug werden die Kosten für z.B. einen Hydraulik Radbagger berechnet; Im Folgenden vollständig ausgefüllten Formblatt werden sämtliche Rechenverfahren angewendet:

Den Treibstoffverbrauch für die jeweiligen Maschinen entnehmen Sie bitte den Aufgabenstellungen oder den Betriebsanleitungen der erforderlichen Maschinen. In der Regel wird vom Kalkulator eine Liste des Maschinenparks angefertigt worauf sämtliche Daten erfasst sind.

Formblatt 3:

Ermittlung der Gerätekosten für ....Hydraulik.Radbagger...............
(Bezeichnung des Gerätes)

...............D 1.01.0080...............
(Gerätenummer nach BGL)

Ausgangswerte:

- Monatlicher Abschreibungs- und Verzinsungsbetrag lt. BGL = __2930,00___ €/Monat

- Monatlicher Reparaturkostenbetrag lt. BGL = __2130,00___ €/Monat

- Treibstoffverbrauch/Einsatzstunde = ____0,10____ L/kW, Eh

- Schmierstoffkosten (20% der Treibstoffkosten) = _____1,42___ €/L
  Kosten des Kraftstoffes

- Vorhaltestunden (VH)   175 Vh/Monat
- Vorhaltezeit (Kd)   30 Kd/Monat
- Einsatzzeit   20 Kd/Monat
- Einsatzstunden (Eh)   20d x 8 h   160 Eh/Monat
- Betriebsstunden (Bh)   0,75 x 160   120 Bh/Monat

(25 %iger Abzug von den Einsatzstunden für Rüst-, Warte- und Verteilzeiten)

Gerätekosten/Monat:

- Abschreibung und Verzinsung   (A+V)   = _____2930,00_____ €
- Reparatur   (R)   = _____2130,00_____ €
- Treibstoffkosten __80___ kW x ___0,10__ x 160 x __1,42__ €/L = _____1817,60_____ €
- Schmierstoffkosten 0,20 x __1817,60__   = _____363,52_____ €

   Gesamtgerätekosten / Monat: = _____7241,12_____ €

Gerätekosten / Kalendertag (:30)	=	_____241,37_____ €
Gerätekosten / Vorhaltestunde (:175)	=	_____41,38_____ €
Gerätekosten / Einsatzstunde (:160)	=	_____45,26_____ €
Gerätekosten / Betriebsstunde (:120)	=	_____60,34_____ €

Einheitspreisberechnung:

In den meisten Leistungsverzeichnissen werden Einheitspreise angefordert.
Um eine reale Preisfindung zu erreichen sind Baustellenerfahrung und erforderlicher Zeitbedarf für die Erstellung von Bauwerken unumgänglich.

Oftmals werden einfach Tabellenwerte eingesetzt und somit „natürlich" günstige Angebote erstellt. Aus Erfahrung weiß man allerdings, dass die Firmen, Kalkulatoren oder Planer die oft Plus Minus Null anbieten, nicht allzu lange auf dem Markt bleiben, da bei angemessener Bezahlung qualitativ guter Mitarbeiter und einer erforderlichen Rücklage für schlechte Zeiten sowie Maschinenanschaffungen wenig Gewinn erzielt werden kann.

Oftmals werden in Fachbüchern Anhaltspunkte für einen Zeitbedarf einer Tätigkeit aufgezeigt, diese sollten allerdings nur grob veranschlagt werden, da jede Baustelle andere Lager,- Transportwege und Verarbeitungszeiten hat.
Wenn man zum Beispiel 2 Baustellen miteinander vergleicht mit gleicher Tätigkeit, gleichen Mengen aber anderen Örtlichkeiten:

Fall 1: Baustelle in einem Innenhof einer Wohnsiedlung. Es sollen 85 qm (9,50 x 9 m) Gestaltungspflaster aus Beton, sowie eine Einfassung mit 37 m Tiefbordsteinen und einer 9 m Kastenrinne hergestellt werden. Zwei Seiten werden mit dem Nassschneider zugeschnitten.
Der Innenhof ist begrenzt befahrbar, d.h. alle Materialien müssen mit einem Handwagen oder Schubkarre durch ein Tor eingefahren werde, da ein LKW nicht durchpasst.

Fall 2: Baustelle vor einem Bürogebäude. Es sollen die gleichen Materialien verbaut werden wie im 1. Fall. Die Baustelle ist sehr gut zugänglich. Sämtliche Materialien können direkt vor Ort abgeladen und verbaut werden.

Wie man an diesen beiden Beispielen erkennen kann, ist bei gleicher Tätigkeit ein völlig anderer Zeitbedarf einzuplanen. Diese Werte kann man keiner Tabelle entnehmen. Die meisten Werte daraus sind deshalb auch Durchschnittswerte.

Anhand dieser zwei Baustellen ist es belegbar wie hoch ein Unterschied sein kann. Nehmen wir einmal an das in beiden Fällen je zwei Mitarbeiter eingeplant werden. Die Untergründe sind fachgerecht vorbereitet und auf entsprechende Höhen gebracht. Den jeweiligen Zeitbedarf für die Tätigkeiten entnehmen wir aus folgender Tabelle*:

Tätigkeit	Zeitbedarf Std/Einheit (Einheit/Std) oder (Pauschal)
Baustelle einrichten	(4 Std Pauschal)
Kastenrinne in Betonfundamen setzen	0,25 Std / m
Tiefbordstein lot-/fluchtgerecht in Betonfundament versetzen	0,10 Std / m
Bettungsmaterial einbringen und abziehen	0,05 Std / m²
Pflaster verlegen	16 m² / Std
Ränder im Nassschnitt an arbeiten	0,25 Std / m
Fläche rütteln und versanden	0,01 Std / m²

*Tabelle geht von zwei Mitarbeitern aus.

Wenn man diese Werte zugrunde legt, kommt man auf folgende Berechnung:

Baustelle einrichten	4,00 Stunden	
Kastenrinne setzen	2,25 Stunden	9 m x 0,25 Std / m
Tiefbordstein setzen	3,70 Stunden	37 m x 0,10 Std / m
Bettungsmaterial einbringen	4,25 Stunden	85 m² x 0,05 Std / m
Pflaster verlegen	5,30 Stunden	85 m² : 16 m² / Std
Ränder zuschneiden	4,63 Stunden	18,5 m x 0,25 Std / m
Fläche rütteln	0,85 Stunden	85 m² x 0,01 Std / m²
Gesamtanzahl Stunden	24,98 Stunden	reine Arbeitszeit.

Dies könnte bei Baustelle 2 der Fall sein. Jedoch erkennt jeder Erfahrene Straßenbauer, dass dies bei Baustelle 1 nicht möglich ist. Hier kommen mindestens 6 Stunden Transportzeit hinzu.

Wenn nun nur nach Tabelle gerechnet und angeboten wird, ist jedem jetzt schon klar, dass Baustelle 1 wirtschaftlich nicht tragbar ist.

Nehmen wir nun einen Richtwert von 42 € / Std netto an, kommen wir auf eine Angebotssumme ohne Material von 1049,16 € netto.

Wenn dieses Angebot schon so knapp kalkuliert wird, weil man versucht, den Auftrag zu bekommen, dann werden einen die Transportwege Geld kosten. Das steht fest.

Berechnen wir nun den tatsächlichen Aufwand an Stunden für Baustelle 1 kommt folgender Wert heraus: 1301,16 € netto.

Das sind genau 252 € Unterschied. Und genau diesen Unterschied muss der Unternehmer selbst tragen, wenn er nach Tabelle kalkuliert. Mehrere von diesen Baustellen mit Verlust und die Firma verliert viel Kapital und wird danach Zahlungsunfähig.

Um dies zu vermeiden ist es zwingend notwendig vorab eine Baustellenbegehung zu absolvieren um solche etwaigen Probleme zu erkennen und direkt einzukalkulieren. Auch ist es absolut wichtig, vorab zu klären ob eine Verkehrsführung durch eine Ampelanlage (falls diese im Leistungsverzeichnis nicht angegeben wurde) notwendig ist.

Nun widmen wir uns der eigentlichen Kalkulation. Jedoch ist dies nur eine Variante von vielen Möglichkeiten. Bitte bedenken Sie dies.

Nachdem wir nun Geräte- und Lohnkosten ermittelt haben, fehlen noch die Stoffkosten (Material). Diese werden den Angeboten der Lieferanten entnommen und entsprechend im Formblatt eingefügt.

Wie die Daten korrekt eingetragen werden sehen Sie auf den folgenden Seiten:

Kalkulationsformblatt: Lohnkosten-Kalkulationslohn €/h

Projekt: **LV Seite:**   **Blatt Nr.:**

                                           Blatt:

Titel, Pos. LV	Menge	Kurztext Kostenerm.	k. Lohn €/h	unmittelbare Herstellkosten der Teilleistungen				Zuschläge	Angebotspreis	
			(h)	Lohn €	Stoffe €	Geräte €	Summe €	Selbständige Nachuntern. €	Einheitspreis €	Gesamtpreis €
Spalte 1	Spalte 2	Spalte 3								

- Spalte 1: (Titel, Pos. LV)
- Spalte 2: (Menge)
- Spalte 3: Eingabe der berechneten Stundenanzahl
- Eingabe der einzelnen Lohnkosten
- Eingabe der einzelnen Stoffkosten
- Eingabe der einzelnen Gerätekosten

Beispiel 1)
Vorgaben:

Materialpreise, Preise für Fremdunternehmen, Gerätekosten und Lohnvorgaben

Kalkulierter Lohn	45,00 €/h
LKW 15 t Ladevolumen Fremdunternehmer (inkl. Fahrer)	85,00 €/h
Kettenbagger 12 t	88,23 €/h
Wegstrecke für den Transport 2 km	

Ausschnitt aus einem LV:

Pos.	Kurztext	Menge	EP	GP
02.001.	Randstreifen Bodenklasse 3-5 maschinell aufnehmen und auf Baustelle wieder einbauen.	70 m	_____ €	_____ €

Es soll eine Position im LV berechnet werden. Es handelt sich um Pos. 02.001. des vorliegenden Leistungsverzeichnisses. Diese wird vorne in der ersten Spalte eingetragen.
Eine Spalte weiter kommt die Menge als Zahl. In der Spalte 3 wird die Einheit direkt neben die Menge eingetragen und darunter der Kurztext als Beschreibung.
Wir haben in diesem Beispiel einen Randstreifen aufzunehmen und abzutransportieren. Auf der gleichen Baustelle wird das Material wieder eingebaut.

Nun haben wir im folgenden Blatt die Werte einmal eingesetzt.

Kalkulationsformblatt: Lohnkosten-Kalkulationslohn €/h											Blatt Nr.:	
Projekt:		Nr.			Kalk. Lohn	€/h	Zuschläge % 18	20		LV Seite: Blatt:		
Titel, Pos. LV	Menge	Kurztext Kostenentwicklung	(h)	€	€	€	unmittelbare Herstellkosten der Teilleistungen				Angebotspreis	
							Lohn €	Stoffe €	Geräte €	Summe €	Selbständige Nachuntern. €	Einheitspreis €	Gesamtpreis €
1	70	m											
		Randstreifen aufnehmen											
		Kettenbagger 3 h * 88 €/h :70 m				88,23			3,78	3,78			
		70 * ((0,5 + 0,5) + (0,15 * 0,2) + (0,5 * 0,2)) = 12,6 m³											
		12,6 m³ * 2,6t/m³ = 31,5 t											
		31,5 t entprechen ca 2 * 3-Achser											
		2 3-Achser = 2 * 85 € /70 m			85						2,43		
		3 Arbeiter * 3 h / 70 m	0,13	45			5,85			5,85			
										9,63	2,43		
										1,73	0,49		
										11,36	2,92	14,28	999,56

Wie man erkennen kann, ist der Platz für eine Berechnung schon recht begrenzt. Deshalb ist eine klare Gliederung unerlässlich. Um die einzelnen Kostenentwicklungen deutlich darzustellen, sollte jede Teilaufgabe in eine einzelne Zeile passen oder abgegrenzt zur nächsten erkennbar gemacht werden.

Nun haben wir eine Position ausgerechnet. Bei einer normalen öffentlichen Ausschreibung läuft es immer wieder so ab. Jede Position nach der anderen wird so berechnet. Wenn man diese Arbeit lange genug macht, hat man einen gewissen Erfahrungsschatz und dieser beschleunigt die Arbeit ungemein.

Wenn man bedenkt das bei der U-Bahn Baustelle, Nord-Süd Verbindung in Düsseldorf die Ausschreibung über eine Millionen Positionen hatte, dann wird einem klar, warum dies nur von großen Firmen bewältigt werden kann welche ein eigenes Planungs- und Kalkulationsbüro haben.

Ein Sprichwort am Bau sagt: „Ein guter Planer/Kalkulator verdient für die Firma in 6 Stunden Kalkulation, 12 Stunden Arbeit".

Sicherlich ist es sehr wichtig die Preise sehr niedrig zu halten und Aufträge zu bekommen, jedoch sollte auch so wirtschaftlich geplant werden, das jede Kalkulation auch genug Gewinn abwirft das man Rücklagen bilden kann. Diesen Spagat hat jeder Kalkulator zu bewältigen.

Nachfolgend noch eine Berechnung mit Material:

Beispiel 2:

Vorgaben:

Materialpreise, Preise für Fremdunternehmen, Gerätekosten und Lohnvorgaben

Kalkulierter Lohn	45,00 €/h
Doppel T Verbundpflaster 10 cm stark, Lieferung frei Baustelle	12,50 €/m²
Pflasterverlegemaschine (Verlegevolumen 1000 m² / 8 h)	45,55 €/h
Radlader mit Palettengabel	56,25 €/h

Ausschnitt aus einem LV:

Pos.	Kurztext	Menge	EP	GP
04.003.	Doppel T Verbundsteinpflaster auf vorgegebene Höhe im Splittbett liefern und verlegen. Grundfläche 100*120 m	12.000 m²	_____ €	_____ €

Berechnung im Formblatt:

Kalkulationsformblatt: Lohnkosten-Kalkulationslohn €/h												Blatt Nr.:	
Projekt:		Nr.				Kalk. Lohn	€/h	Zuschläge %		LV Seite:			
								18	20	Blatt:			
Titel, Pos. LV	Menge	Kurztext Kostenentwicklung				unmittelbare Herstellkosten der Teilleistungen				Angebotspreis			
			(h)	€	€	€	Lohn	Stoffe	Geräte	Summe	Selbständige Nachuntern.	Einheitspreis	Gesamtpreis
							€	€	€	€	€	€	€
4.003	12.000	m²											
		Pflasterverlegemaschine	96		45,55				0,36	0,36			
		1000 m² : 8h = 125 m²/h											
		12.000 : 125 m²/h = 96 h											
		96 h * 45,55 €/h : 12.000 = 0,36											
		Radlader (48 h)											
		48 h * 56,25 €/h : 12.000 m² = 0,225 €/m²				56,25			0,23	0,23			
		6 Arbeitnehmer á 48 h											
		6 * 48 h : 12.000 m²	0,024	45,00			1,08			1,08			
		Doppel-T Betonsteinpflaster											
		10 cm stark, liefern frei Baustelle			12,50			12,50		12,50			
										14,17			
						+18 %				2,55			
										16,72		16,72	200.647,20

Die Summe von 200.647,20 € sind ein Netto Preis. Darauf kommt noch die Umsatzsteuer von z.Zt. 19 %.

Um das gelernte zu festigen, füge ich hier eine kleine Ausschreibung an (Muster LV). Um dieses LV zu bearbeiten, muss zuerst ein Kalkulationslohn ermittelt werden. Weiterhin werden Auszüge einer BGL 2001 eingefügt womit Gerätekosten ermittelt werden können. Gerätekosten welche geringfügige Kosten verursachen wie z.B. Nassschneidetisch und Nivelliergerät werden vorgegeben.

Aufgabenstellung:

1. Errechnen Sie den Mittellohn
2. Berechnen Sie die benötigten Gerätekosten
3. Erstellen Sie eine nachvollziehbare Kalkulation und füllen Sie das vorhandene LV vollständig und VOB/A gerecht für eine Submission aus.

Skizze zu Positionen 001.01.1; 001.01.2; 001.01.3; 001.02.2

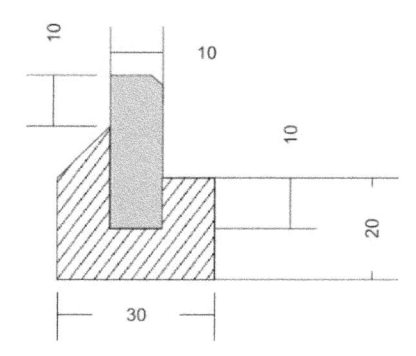

Bedenken Sie dass Sie selbst planen, wie viele und vor allem welche Mitarbeiter Sie auf dieser Planbaustelle benötigen.

Zuerst lesen Sie bitte das Angebotsschreiben **sorgfältig** durch. Es darf Ihnen dabei nichts entgehen. Sei es das keine Nebenangebote geben darf, oder dass man Präqualifiziert sein muss.

Zur Erläuterung: Das deutsche Vergaberecht für öffentliche Bauaufträge verlangt nach der VOB/A §8 von den Bietern eine Vielzahl von Eignungsnachweisen. Diese mussten bisher wiederholt für **jeden einzelnen Auftrag** erbracht werden.

Nunmehr wird allen Unternehmen des Bauhaupt- und Baunebengewerbes die Möglichkeit geboten, wesentliche Teile der Eignungsnachweise durch eine vorgelagerte, auftragsunabhängige Präqualifikation (PQ) zu ersetzen.

Durch die Präqualifikation wird das bekannte Qualifikationsmanagement (QM) nach DIN EN ISO 9001 **weder abgelöst noch überflüssig**, da QM – im Gegensatz zur Präqualifikation – Abläufe innerhalb eines Unternehmens erfasst.

Name und Anschrift des Bieters (Stempel), Tel.-Nr.:　　　..............　　　..............
　　　　　　　　　　　　　　　　　　　　　　　　　　　(Ort)　　　　(Datum)

An
Industriegesellschaft Park und Co.

12345 Musterstadt

Angebotsschreiben

Bezeichnung der Bauleistung

Großparkplatz Einkaufszentrum

Ihre Aufforderung zur Angebotsabgabe vom

Anlagen:
- ☐ Erklärung der Bieter-/Arbeitsgemeinschaft
- ☐ Verzeichnis der Nachunternehmerleistung (nur unterhalb der EU Schwellenwerte)
- ☐ Verzeichnis der Leistung anderer Unternehmer (nur oberhalb der EU Schwellenwerte)
- ☐ Leistungsverzeichnis -Kurzfassung-
- ☐ Nebenangebote
- ☐ Unterlagen zum technischen Wert gem. Ziffer 6 der Aufforderung zur Angebotsabgabe
- ☐ ....

1. Ich biete die Ausführung der oben genannten Leistung zu den von mir eingesetzten Preisen an. An mein Angebot halte ich mich bis zur Zuschlagsfrist gebunden.

2. Die Angebotssumme einschließlich Umsatzsteuer (brutto) gemäß Leistungsverzeichnis beträgt:

　　　　　　　　.................................. EUR (€)

3. Anzahl der zum Angebot gehörenden Nebenangebote/Änderungsvorschläge:

　　　　　　　　.................. St.

4. Preisnachlass ohne Bedingungen auf die Abrechnungssumme für Haupt- und Nebenangebote:

.... V. H.

5. Bestandteil meines Angebotes sind neben diesem Angebotsschreiben (einschließlich Anlagen) folgende Unterlagen:

- das Leistungsverzeichnis

- die besonderen Vertragsbedingungen

- die ZTV/E-StB 2006

- die in dem Leistungsverzeichnis angegebenen zusätzlichen Technischen Vertragsbedingungen

- die VOB Teil C

- die VOB Teil B

6. Ich erkläre, dass

- ich meine Verpflichtung zur Zahlung von Steuern und Abgaben sowie der Beiträge zur Sozialversicherung ordnungsgemäß erfüllt habe.

- ich in den letzten 2 Jahren nicht

- gemäß § 21 Abs. 1 Satz 1 oder 2 Schwarzarbeiterbekämpfungsgesetz oder

- gemäß § 6 Satz 1 oder 2 Arbeitnehmer Entsendungsgesetz

mit einer Freiheitsstrafe von mehr als 3 Monaten oder einer Geldstrafe von mehr als 90 Tagessätzen oder einer Geldbuße von wenigstens 2.500 € belegt worden bin.

- ich Amtsträgern oder für den öffentlichen Dienst besonders Verpflichteten keine Vorteile angeboten, versprochen oder gewährt habe,

- ich keine Verstöße gegen das Gesetz gegen Wettbewerbsbeschränkungen, u.a. Beteiligung an Absprachen über Preise oder Preisbestandteile, verbotene Preisempfehlungen, Beteiligung an Empfehlungen oder Absprachen über die Abgabe oder Nichtabgabe von Angeboten, begangen habe,

- über mein/unser Vermögen nicht das Insolvenzverfahren eröffnet oder der Antrag auf Eröffnung eines Insolvenzverwalters gestellt wurde,

- ich alle Leistungen, die nicht im "Verzeichnis der Nachunternehmerleistungen" bzw. "Verzeichnis der Leistungen anderer Unternehmer" aufgeführt sind, im eigenen Betrieb ausführen werde,

- ich bei Verwendung einer selbstgefertigten Kopie oder Kurzfassung des LV dass vom Auftraggeber verfasste LV als allein verbindlich anerkenne,

- ich hinsichtlich der Meldeverpflichtung gemäß Korruptionsbekämpfungsgesetz informiert bin

- ich bei Weitergabe von Vertragsleistungen, die von Preisgleitklauseln betroffen sind, eine entsprechende Regelung in meine Verträge mit etwaigen Nachunternehmern bzw. anderen Unternehmen aufnehme.

7. Ich bin Präqualifiziert und im Präqualifikationsverzeichnis unter der Nummer:………………………….eingetragen.

8. Der von mir zu benennende Sicherheits- und Gesundheitsschutzkoordinator gemäß Baustellenverordnung und dessen Stellvertreter verfügen über die nach den "Regeln zum Arbeitsschutz auf Baustellen; geeigneter Koordinator (Konkretisierung zu § 3 BaustellV) (RAB30(" geförderte Qualifikation, um die nach Baustellenverordnung übertragenen Aufgaben fachgerecht zu erfüllen. Entsprechende Referenzen werden bei der Auftragserteilung vorgelegt.

……………	…………………		…………………………………………
(Ort)	(Datum)		(Stempel und Unterschrift)

000.00 Gewerk: Erdbauarbeiten
000.01 Bereich: Aushub und Abtransport

Pos.	Text/Menge/Einheit	Einheitspreis (EP €)	Gesamtpreis (GP €)

000.01.1 **Baustelleneinrichtung**

Geräte, Werkzeuge und sonstige Betriebsmittel, die zur vertragsgemäßen Durchführung der Bauleistung erforderlich sind, auf die Baustelle bringen, bereitstellen und - soweit der Geräteeinsatz nicht gesondert berechnet wird - betriebsfertig aufstellen einschl. der dafür notwendigen Arbeiten. Die erforderl. festen Anlagen herstellen. Baubüros, Unterkünfte, Werkststätten, Lagerschuppen und dergl. - soweit erforderl., antransportieren, aufbauen und einrichten. Strom-, Wasser-, Fernsprech-anschluss sowie Entsorgungseinrichtungen und dergl. für die Baustelle, soweit erforderl. herstellen. Flächen beschaffen, sofern die vom AG zu Verfügung gestellten nicht ausreichen. Kosten für Vorhalten, Unterhalten und Betreiben der Geräte, Anlagen und Einrichtungen einschl. Mieten, Pacht, Gebühren und dergl. werden nicht mit dieser Pauschale, sondern mit Einheitspreisen der betreffenden Teilleistungen vergütet. Soweit nicht für bestimmte Leistungen (Bedarfsleistungen) für das Einrichten der Baustelle gesonderte Positionen im LV enthalten sind, gilt die Pauschale für alle Leistungen dieses Abschnittes des LV.

        1 Pausch   EP ....   GP ....

Pos.	Text/Menge/Einheit	Einheitspreis (EP €)	Gesamtpreis (GP €)

000.01.2 **Baustelle räumen**

Baustelle von allen Geräten, Anlagen, Einrichtungen und dergl. räumen. Benutzte Flächen und Wege entsprechend dem ursprünglichen Zustand unter Wahrung der landschaftspflegerischen Belange ordnungsgemäß herrichten. Verunreinigungen beseitigen. Soweit nicht für bestimmte Leistungen (Bedarfsleistungen) für das Räumen der Baustelle gesonderte Positionen im LV enthalten sind, gilt die Pauschale für alle Leistungen diese Abschnittes des LV.

        1 Pausch   EP ....   GP ....

000.01.3 **Oberboden abtragen**

Oberboden (20 cm) sauber abtragen und seitlich auf Halde lagern. Transportweg max. 50 m

        3.600,00 m³   EP ....   GP ....

000.01.4 **Bodenaushub BKL 3-5**

Erdreich der Bodenklasse 3-5 maschinell ausheben und für spätere Verwendung seitlich lagern.

        23.400,00 m³   EP ....   GP ....

000.01.5 **Bodenaushub als Lärmschutzwall anlegen**

Vorhandenes aufgenommenes Erdreich seitlich am Gelände als Erhöhungswall anlegen und abböschen im Winkel 45°.

        23.400,00 m³   EP ....   GP ....

        Zwischensumme 000.01.   ....

000.00 Gewerk: Erbauarbeiten
000.02.Bereich: Aufbau- und Entwässerungsarbeiten

Pos.	Text/Menge/Einheit	Einheitspreis (EP €)	Gesamtpreis (GP €)

000.02.1   **Planum herstellen**

Erdplanum herstellen. Max. Abweichung von der Sollhöhe +2/-2 cm. Verformungsmodul = 45 MN/m²

          18.000,00 m²   EP ....   GP ....

000.02.2   **Trennvlies einbringen**

Supertex ST 12, Trenn – und Filtervlies aus PP – Stapelfasern, weiß, mechanisch verfestigt, GRK 2, mit CE-Zeugnis,
Stempeldurchdrückkraft (x nach EN ISO 12236): 1350 N der Fa. Frank GmbH oder gleichwertig liefern und verlegen.
Lieferform : Rollen von 2 m, 4 m, 5 m oder 6 m Breite und 100 m Länge.
Die Überlappung der Bahnen ist in Schüttrichtung auszuführen
und soll mindestens 50 cm betragen. Der Vliesstoff darf nicht direkt befahren werden. Die erste Schüttlage (mind. 50 cm) ist vor Kopf zu schütten, vorsichtig zu verteilen und zu verdichten.
Überlappung und Verschnitt sind einzukalkulieren.

          18.000,00 m³   EP ....   GP ....

000.02.3   **Drainageschicht herstellen**

Drainageschotter anliefern, einbauen und verdichten. Verformungsmodul = 120 MN/m². Material: doppelt gebrochenes Naturgestein. Alternativ Recyclingmaterial Güteüberwacht, ohne Schadstoffe. Körnung: 16/32. Abgerechnet wird nach Auftragsprofilen. 20 cm Stärke. Max. Abweichung von der Sollhöhe +2/-2 cm.

          3.600,00 m³   EP ....   GP ....

Pos.	Text/Menge/Einheit	Einheitspreis (EP €)	Gesamtpreis (GP €)

000.02.4 **Trennvlies einbringen**

Supertex ST 12, Trenn – und Filtervlies aus PP – Stapelfasern, weiß, mechanisch verfestigt, GRK 2, mit CE-Zeugnis,
Stempeldurchdrückkraft (x nach EN ISO 12236): 1350 N der Fa. Frank GmbH oder gleichwertig liefern und verlegen.
Lieferform : Rollen von 2 m, 4 m, 5 m oder 6 m Breite und 100 m Länge.
Die Überlappung der Bahnen ist in Schüttrichtung auszuführen und soll mindestens 50 cm betragen.
Der Vliesstoff darf nicht direkt befahren werden. Die erste Schüttlage (mind. 50 cm) ist vor Kopf zu schütten, vorsichtig zu verteilen und zu verdichten.
Überlappung und Verschnitt sind einzukalkulieren.

18.000,00 m²   EP ....   GP ....

                        Zwischensumme   000.02.   ....

001.00 Gewerk: Straßen- und Wegebauarbeiten
001.01.Bereich: Aufbau- und Befestigungsarbeiten

Pos.	Text/Menge/Einheit	Einheitspreis (EP €)	Gesamtpreis (GP €)
001.01.1	**Tiefbordsteine setzen**		

STANDARD Tiefbordstein 10 x 30, einseitige Fase
Bordstein aus Beton DIN EN 1340,   Typ D I U
DIN 483 TB – 100 x 300 x 997 mm
Fase an einer oberen Längskante
Basalt-Vorsatz 006 Farbe: naturgrau 001
Hersteller: BERDING BETON GmbH oder gleichwertig.
Tiefbord – TB – 100 x 300 x 997 mm,
liefern und höhen- und fluchtgerecht auf 20 cm dickem Fundament aus C12/C15 versetzen und mit einer Rückenstütze aus Beton C12/C15 erstellen. Die Dicke der Rückenstütze beträgt mindestens 10 cm.
Die DIN 18 318 und ZTV P-StB sind zu beachten.

        1.406,00 **m**　　　　　　　　　EP ....　　GP ....

001.01.2　**Tiefbordstein Zubehör**

STANDARD Tiefbordstein 10 x 30, einseitige Fase
Zubehör
STANDARD Tiefbord-Innenecke 90°
Bordstein aus Beton DIN EN 1340,   Typ D I U
DIN 483 Profil TB –100 x 300 x 400/400 mm
sonst wie Position 1

        3,00 **Stück**　　　　　　　　　EP ....　　GP ....

001.01.3　**Tiefbordstein Zubehör**

STANDARD Tiefbordstein 10 x 30, einseitige Fase
Zubehör
STANDARD Tiefbord-Aussenecke 90°
Bordstein aus Beton DIN EN 1340,   Typ D I U
DIN 483 Profil TB –100 x 300 x 500/500 mm
sonst wie Position 000.03.1

160,00 **Stück**   EP ....   GP ....

Pos.	Text/Menge/Einheit	Einheitspreis (EP €)	Gesamtpreis (GP €)

001.01.4   **Schottertragschicht herstellen**

Schottertragschicht aus gebrochenem Naturgestein anliefern einbauen und verdichten. Körnung 0/32. Max. Abweichung von der Sollhöhe +2/-2 cm. Min. Verformungsmodul = 120 MN/m². Stärke 20 cm. Abgerechnet wird nach Auftragsprofilen.

3.600,00 m³   EP ....   GP ....

001.01.5   **Splittbettung herstellen**

Bettung liefern und herstellen
4 cm (3 – 5 cm) im verdichteten Zustand aus gebrochenem Baustoffgemisch 0/5 mm.
Die Bettung muss so beschaffen sein, dass diese dauerhaft wasserdurchlässig und gegenüber der Tragschicht ausreichend filterstabil ist. Das Bettungsmaterial muss folgende Anforderungen erfüllen:
max. Feinanteil 5 Masse Prozent, Durchgang 0,063 mm (Kategorie UF5)
min. Feinanteil 2 Masse Prozent, Durchgang 0,063 mm (Kategorie LF2)
Überkornanteil, Kategorie OC90
Korngrößenverteilung: 30-60 Masse Prozent, Durchgang auf dem Sieb 2 mm (Kategorie GU)
Fließkoeffizient: ECS35 Widerstand gegen Zertrümmerung SZ22 (LA25) weitere Anforderungen (Kategorien) gemäß TL Gestein-StB (Anhang H) Erstellung der Bettung unter Beachtung der DIN 18 318 und der ZTV P-StB.

18.000,00 m²   EP ....   GP ....

001.01.6   **Betonpflaster einbringen**

Pflastersteine aus Beton mit 4 mm (3–5 mm) Fugen unter Beach¬tung der DIN 18 318 und ZTV P-StB fachgerecht nach Verlegeplan zwischen Randeinfassungen verlegen, verfugen und abrütteln.
Bei Anschlüssen an Rändern und Einbauten in der Pflasterdecke hat der Zuschnitt durch Nassschnitt zu erfolgen.

18.000,00 m²   EP ....   GP ....

Pos.	Text/Menge/Einheit	Einheitspreis (EP €)	Gesamtpreis (GP €)

001.01.7   **H-Doppelverbundstein**
(für Bauklasse III, RStO 01, nur Pflastersteine
mit einer Dicke ≥ 100 mm)
H-Form Verbundpflasterstein
mit Anfangs-, End- und Randstein (Ergänzungssteine) .
Pflastersteine aus Beton DIN EN 1338
Oberseite planmäßig eben an der Oberseite wahlweise mit oder ohne umlaufende Fase
Steinseiten mit Abstandhaltern
Rastermaß (Nennmaß), Steindicke 80 mm:
200 x 165 mm (197 x 162 x 80 mm) D I
Ergänzungssteine, Steindicke 80 mm:
Halb-/Randstein: 100 x 165 mm (96 x 161 x 80 mm) D I
Anfangsstein: 200 x 140 mm (197 x 137 x 80 mm) D I
Vorsatzschicht und Kernbeton sind eingefärbt
Farbe: anthrazit
Steindicke 100 mm
Hersteller: BERDING BETON GmbH oder gleichwertig.

18.000,00 m²   EP ....   GP ....

                           Zwischensumme   001.01.   ....

001.00 Gewerk: Straßen- und Wegebauarbeiten
001.02.Bereich: Zufahrtswege und Lagerflächen

Pos.	Text/Menge/Einheit	Einheitspreis (EP €)	Gesamtpreis (GP €)

001.02.1 **Frostschutzschicht für Verkehrsweg herstellen**

Ungebundene Frostschutzschicht
Die Herstellung der Frostschutzschicht setzt voraus, dass die Unterlage (Untergrund bzw. Unterbau) geeignet ist: insbesondere standfest, tragfähig, profilgerecht, wasserdurchlässig (bzw. mit Entwässerung nach RAS-Ew) und eben. Dies gilt als erfüllt, wenn die Unterlage der ZTV E-StB entspricht und auf der Oberfläche EV2 ≥ 45 MN/m² ist. Die Frostschutzschicht muss dauerhaft ausreichend wasserdurchlässig sein. Durchlässigkeitsbeiwert kf ca. 10-5
Bauklasse II, RStO 01, Tafel 3
Baustoffgemisch 0/32 mm aus frostunempfindlichem Material (TL SoB-StB,
Schichtdicke 38 cm, RStO 01, Tafel 3, abhängig von der Mindestdicke für frostsicheren Straßenaufbau. Nach ZTV SoB-StB müssen die oberen 20 cm der Frostschutzschicht der Korngrößenverteilung den TL SoB-StB, Tab. 4, entsprechen. Mindestanforderung an den Verdichtungsgrad DPr 95 % gemäß ZTV SoB-StB. Verformungsmodul EV2 120 MN/m²
Erstellung der Frostschutzschicht erfolgt unter Beachtung der DIN 18 315 und ZTV SoB-StB.
Profilgerechte Lage: nicht mehr als ± 2 cm von der Sollhöhe gemäß ZTV SoB-StB.

600,00 m³   EP ....   GP ....

Pos.	Text/Menge/Einheit	Einheitspreis (EP €)	Gesamtpreis (GP €)
001.02.2	**Tiefbordsteine setzen**		

STANDARD Tiefbordstein 10 x 30, einseitige Fase
Bordstein aus Beton DIN EN 1340, Typ D I U
DIN 483 TB – 100 x 300 x 997 mm
Fase an einer oberen Längskante
Basalt-Vorsatz 006 Farbe: naturgrau 001
Hersteller: BERDING BETON GmbH oder gleichwertig.
Tiefbord – TB – 100 x 300 x 997 mm,
liefern und höhen- und fluchtgerecht auf 20 cm dickem Fundament aus C12/C15 versetzen und mit einer Rückenstütze aus Beton C12/C15 erstellen. Die Dicke der Rückenstütze beträgt mindestens 10 cm.
Die DIN 18 318 und ZTV P-StB sind zu beachten.

150,00 **m**   EP ....   GP ....

001.02.3 **Schottertragschicht herstellen**

Schottertragschicht aus gebrochenem Naturgestein anliefern einbauen und verdichten. Körnung 0/32. Max. Abweichung von der Sollhöhe +2/-2 cm. Min. Verformungsmodul = 150 MN/m². Stärke 25 cm.
Abgerechnet wird nach Auftragsprofilen.

750,00 **m³**   EP ....   GP ....

Pos.	Text/Menge/Einheit	Einheitspreis (EP €)	Gesamtpreis (GP €)

001.02.4 **Splittbettung herstellen**

Bettung liefern und herstellen
4 cm (3 – 5 cm) im verdichteten Zustand aus gebrochenem Baustoffgemisch 0/5 mm.
Die Bettung muss so beschaffen sein, dass diese dauerhaft wasserdurchlässig und gegenüber der Tragschicht ausreichend filterstabil ist. Das Bettungsmaterial muss folgende Anforderungen erfüllen:
max. Feinanteil 5 Masse Prozent, Durchgang 0,063 mm (Kategorie UF5)
min. Feinanteil 2 Masse Prozent, Durchgang 0,063 mm (Kategorie LF2)
Überkornanteil, Kategorie OC90;Korngrößenverteilung: 30-60 Masse Prozent, Durchgang auf dem Sieb 2 mm (Kategorie GU);Fließkoeffizient: ECS35 Widerstand gegen Zertrümmerung SZ22 (LA25) weitere Anforderungen (Kategorien) gemäß TL Gestein-StB (Anhang H) Erstellung der Bettung unter Beachtung der DIN 18 318 und der ZTV P-StB.

3.000,00 m²   EP ....   GP ....

001.02.5 **Betonpflaster einbringen**

Pflastersteine aus Beton liefern und mit 4 mm (3–5 mm) Fugen unter Beachtung der DIN 18 318 und ZTV P-StB fachgerecht nach Verlegeplan zwischen Randeinfassungen verlegen, verfugen und abrütteln. Bei Anschlüssen an Rändern und Einbauten in der Pflasterdecke hat der Zuschnitt durch Nassschnitt zu erfolgen.

3.000,00 m²   EP.......................   GP............................

001.02.6	H-Doppelverbundstein liefern
(für Bauklasse III, RStO 01, nur Pflastersteine
mit einer Dicke ≥ 100 mm)
H-Form Verbundpflasterstein mit Anfangs-, End- und Randstein (Ergänzungssteine) .
Pflastersteine aus Beton DIN EN 1338;Oberseite planmäßig eben an der Oberseite wahlweise mit oder ohne umlaufende Fase;Steinseiten mit Abstandhaltern Rastermaß (Nennmaß), Steindicke 80 mm:200 x 165 mm (197 x 162 x 80 mm) Ergänzungssteine, Steindicke 80 mm:
Halb-/Randstein: 100 x 165 mm (96 x 161 x 80 mm) Anfangsstein: 200 x 140 mm (197 x 137 x 80 mm)
Vorsatzschicht und Kernbeton sind eingefärbt; Farbe: anthrazit
Steindicke 100 mm

        3.000,00 m²   EP ....   GP ....

        Zwischensumme   001.02.   ....

002.00 Gewerk: Entwässerung
002.01.Bereich: Erdreichentwässerung Drainage

Pos.	Text/Menge/Einheit	Einheitspreis (EP €)	Gesamtpreis (GP €)

002.01.1	**Dränrohr einbringen**

Dränrohr mit Filterumantelung aus Polypropylen Fasern , alternativ Kokosfasern, DN 100 als Stangen oder Rollenware. Einbau in vorhandene Filterschicht. Einbau laut Verlegplan, inkl aller benötigten Abzweige und Kontrollöffnungen. Anschluss an vorhandenen Regenwasserkanal am Schacht.

       3600 m   EP ....   GP ....

002.01.2	**Rücklaufstopp einbauen**

Hochwasserrücklaufstopp mit 2 Klappen einbauen und mit einer Revisionsöffnung versehen. Einbau lt. vorliegendem Verlegeplan.

       2 **Stück**   EP ....   GP ....

002.01.3	**Bogen 90°**

Dränrohrbogen 90° mit Filterummantelung aus PP Fasern, alternativ Kokosfasern, DN 100 liefern.

       3 **Stück**   EP ....   GP ....

002.01.4   **Bogen 45°**
Dränrohrbogen 45° mit Filterummantelung aus PP Fasern, alternativ Kokosfasern, DN 100 liefern.

           2 **Stück**   EP ....   GP ....

002.01.5   **T-Abzweig**

Dränrohr T-Abzweig mit Filterummantelung aus PP Fasern, alternativ Kokosfasern, DN 100 liefern.

           48 **Stück**   EP ....   GP ....

                        Zwischensumme   002.01   ....

Preisverzeichnis
Zusammenstellung

Pos.		(GP) in €
000.01	Aushub und Abtransport	
000.02	Aufbau- und Befestigungsarbeiten	
001.01	Straßen- und Wegebauarbeiten	
001.02	Zufahrtswege und Lagerflächen	
002.01	Erdreichentwässerung	

Summe LV-Gesamt-netto

zzgl. 19 % MwSt (Umsatzsteuer)

Angebotssumme (brutto)

_____
Datum - Stempel/Unterschrift Firma

Materialpreisliste:

Dränrohre und Zubehör

Kokos Ummantelt DN 100	2,96 €/m
PP Ummantelt DN 100	*3,11 €/m*
Nackt DN 100	1,95 €/m

Formteile:

Winkelstücke DN 100	13,45 €/Stück
Seiteneinführung DN 100	*12,77 €/Stück*
Verbindungsmuffen DN 100	7,99 €/Stück
T-Stücke DN 100	*8,46 €/Stück*
Anschlussstück DN 100	14,22 €/Stück
Einführungsbogen DN 100	*13,45 €/Stück*
Lieferbeton C 12/15	*82,00 €/m³*
Tiefbordstein 10/30/100 cm	2,80 €/m
Tiefbordstein Ecke 90° Innen / Aussen	*20,50 €/Stk*
Drainageschotter 16/32	*22,00 €/t*
Schotter 0/32	10,20 €/t
Trennvlies	*0,66 €/m²*
H-Verbundsteinpflaster	11,50 €/m²
Kraftstoffpreis Diesel	1,50 €/liter
Kraftstoffverbrauch für Maschinen:	0,1-0,18 l/kw/Eh
Gerätekosten	
Nassschneidetisch	35,00 €/Tag
Nivelliergerät	25,00 €/Tag

Grundlage: Lohn- und Gehaltstabelle 2010
Mittellohn A

Überstundenzuschlag 25 % auf 20 % aller Stunden
Sonn- und Feiertagszuschlag 75 % auf 2 % aller Stunden

Vermögensbildung 100 % mit 0,13 €/Std

Mittellohn ASL

Auslösung	2 Leute je 34,50 €/Tag
Fahrtkosten	4 Leute je 8,00 €/Tag

Es werden 7,8 Std/Mann/Tag zugrunde gelegt

Sozialzuschlag	1,5
Sozialaufwand	90,00%
Sonstige Lohnabhängige Kosten	14%

Auszug aus Lohntabelle 2010:

Berufsgruppe	Berufsbezeichnung	GTL (€)
Auszubildende	1. Lehrjahr	614,-
	2. Lehrjahr	943,-
	3. Lehrjahr	1.191,-
	4. Lehrjahr	1.339,-
1	Mindestlohn Werker/Maschinenwerker	11,00
2	Mindestlohn Fachwerker/Maschinisten/Kraftfahrer	13,00
2a	Arbeitnehmer, die bereits vor dem 01.09.2002 in der bisherigen Berufsgruppe V im Baugewerbe beschäftigt waren, unabhängig von einer Unterbrechung oder einem Wechsel des Arbeitsverhältnisses	14,45
3	Facharbeiter/Baugeräteführer	14,84
	Berufskraftfahrer	
4	Spezialfacharbeiter/Baumaschinenführer	16,20
	Fliesen-, Platten- und Mosaikleger der Gruppe 4	16,74
	Stukkateure und Gipser der Gruppe 4	16,74
	Baumaschinenführer der Gruppe 4	16,47
5	Vorarbeiter/Baumaschinist	17,02
6	Werkpolier/Baumaschinist/Fachmeister	18,61

GTL = Gesamttariflohn inkl. Bauzuschlag (5,9 % des Tariflohnes zum Ausgleich der besonderen Belastung der Arbeitnehmer im Baugewerbe: Witterungsabhängigkeit außerhalb der Schlechtwetterzeit, ständige Baustellenwechsel und Lohneinbußen in der SW-Zeit)

Lohngruppeneinteilung gemäß § 5 Bundesrahmentarifvertrag für das Baugewerbe:

Lohngruppe 1 -Werker/ Maschinenwerker-
Tätigkeit:
- einfache Bau- und Montagearbeiten nach Anweisung
- einfache Wartungs- und Pflegearbeiten an Baumaschinen und Geräten nach Anweisung

Regelqualifikation:
keine

Tätigkeitsbeispiele:
- Sortieren und Lagern von Bau- und Bauhilfsstoffen auf der Baustelle
- Pflege und Instandhaltung von Arbeitsmitteln
- Reinigungs- und Aufräumarbeiten
- Helfen beim Auf- und Abrüsten von Baugerüsten und Schalungen
- Mischen von Mörtel und Beton
- Bedienen von einfachen Geräten, z.B. Kompressor, handgeführte Bohr- und Schlaghämmer, Verdichtungsmaschinen (Rüttler), Presslufthammer, einschließlich einfacher Wartungs- und Pflegearbeiten
- Anbringen von zugeschnittenen Gipskarton- und Faserplatten, einschließlich einfacher Unterkonstruktionen und Dämmaterial, das Anbringen von Dämmplatten (Wärmedämmverbundsystem) einschließlich Auftragen von einfachem Armierungsputz mit Einlegung des Armierungsgewebes
- Helfen beim Einrichten, Sichern und Räumen von Baustellen
- einfache Wartungs- und Pflegearbeiten an Baumaschinen und Geräten
- manuelle Erdarbeiten
- manuelles Graben von Rohr und Kabelgräben

Lohngruppe 2 -Fachwerker/ Maschinisten/ Kraftfahrer-
Tätigkeit:
- fachlich begrenzte Arbeiten (Teilleistungen eines Berufsbildes oder angelernte Spezialtätigkeiten) nach Anweisung

Regelqualifikation:
- baugewerbliche Stufenausbildung in der ersten Stufe
- anerkannte Ausbildung als Maler und Lackierer, Garten- und Lanschaftsbauer, Tischler
- anerkannte Ausbildung, deren Berufsbild keine Anwendung für eine baugewerbliche Tätigkeit findet
- Baumaschinistenlehrgang
- anderweitig erworbene gleichwertige Fertigkeiten

Tätigkeitsbeispiele:

1. Asphaltierer (Asphaltabdichter, Asphalteur):
- Vorbereiten des Untergrundes
- Erhitzen und Herstellen von Asphalten
- Aufbringen und Verteilen der Asphaltmasse

2. Baustellen-Magaziner:
- Lagern von Bau- und Werkstoffen, Werkzeugen und Geräten
- Bereithalten und Warten der Werkzeuge und Geräte und Schutzausrüstungen
- Führen von Bestandslisten

3. Betonstahlbieger und Betonstahlflechter (Eisenbieger und Eisenflechter):
- Lesen von Biege- und Bewehrungsplänen
- Messen, Anreißen, Schneiden und Biegen
- Bündeln und Einteilen der Stähle nach Zeichnung
- Einteilen und Einbauen von Stahlbetonbewehrungen

4. Fertigteilbauer:
- Herstellen, Abbau und Wartung von Form- und Rahmenkonstruktionen für Fertigteile
- Einlegen oder Einbauen von Bewehrungen oder Einbauteilen
- Herstellen von Verbundbauteilen
- Fertigstellen und Nachbehandeln von Fertigteilen

5. Fuger, Verfuger:
- Herstellen von Fugenmörtel aller Art
- Vorbereiten des Baukörpers zum Verfugen
- Ausführen von Fugarbeiten - auch mit dauerelastischen Fugenmassen - und der erforderlichen Reinigungsarbeiten; Auf- und Abbauen der erforderlichen Arbeits- und Schutzgerüste

6. Gleiswerker:
- Herstellen des Unterbaus
- Verlegen von Schwellen und Schienen

7. Mineur:
- Ausführen von einfachen Verbauarbeiten durch Vortrieb und Verbau im Tunnel-, Schacht- und Stollenbau
- Ausführen einfacher Beton- und Maurerarbeiten

8. Putzer (Fassadenputzer, Verputzer):
- Vorbereiten des Untergrundes
- Herstellen und Aufbereiten der gebräuchlichsten Mörtel
- Zurichten und Befestigen von Putzträgern

- Herstellen und Aufbringen von Putzen
- Oberflächenbearbeitung von Putzen; Auf- und Abbauen der erforderlichen Arbeits- und Schutzgerüste

9. Rabitzer:
- Herstellen der Unterkonstruktionen
- Anbringen der Putzträger; Auf- und Abbauen der erforderlichen Arbeits- und Schutzgerüste

10. Rammer (Pfahlrammer):
- Vorbereiten, Aufstellen, Ansetzen und Abbauen von Rammgeräten
- Ansetzen, Rammen und Ziehen der Pfähle und Wände

11. Rohrleger:
- Herstellen von Rohrgräben und Rohrgrabenverkleidungen sowie Verlegen von Rohren
- Abdichten von Rohrverbindungen
- Ausführen von einfachen Dichtigkeitsprüfungen

12. Schalungsbauer (Einschaler):
- Zurichten von Schalungsmaterial und Bearbeiten durch Sägen und Hobeln
- Herstellen von Schalplatten
- Zusammenbauen und Aufstellen von Schalungen nach Schalungsplänen sowie Ausschalen

13. Schwarzdeckenbauer (Teer- und Bitumenwerker):
- Vorbereiten des Untergrundes
- Erhitzen von Bindemitteln und Herstellen von Mischgut
- Einbauen und Verdichten des Mischgutes
- Oberflächenbehandlung von Schwarzdecken

14. Betonstraßenwerker:
- Ausführen der gebräuchlichsten Betonstraßenbauarbeiten
- Herstellen von Betonstraßendecken

15. Schweißer (Gasschweißer, Lichtbogenschweißer):
- Grundfertigkeiten der Metallbearbeitung, insbesondere Sägen, Feilen, und Bohren
- Ausführen einfacher Schweißarbeiten, autogen und elektrisch

16. Terrazzoleger:
- Herstellen von Terrazzomischungen
- Vorbereiten des Untergrundes und Aufteilen der Fläche
- Einbringen, Verdichten, Schleifen, Polieren und Nachbehandeln von Terrazzo

17. Wasser- und Landschaftsbauer:
- Herstellen von Uferbefestigungen
- Herstellen einfacher Dränagen und Wasserführungen
- Ausführen einfacher Mauer-, Beton- und Pflasterarbeiten

18. Maschinisten:
- Aufstellen, Einrichten, Bedienen und Warten von kleineren Baumaschinen und Geräten

19. Kraftfahrer:
- Führen von Kraftfahrzeugen

Lohngruppe 3 -Facharbeiter/ Baugeräteführer/ Berufskraftfahrer-
Tätigkeit:
- Facharbeiten des jeweiligen Berufsbildes
Regelqualifikation:
- baugewerbliche Stufenausbildung in der zweiten Stufe im ersten Jahr
- baugewerbliche Stufenausbildung in der ersten Stufe und Berufserfahrung
- anerkannte Ausbildung außerhalb der baugewerblichen Stufenausbildung
- anerkannte Ausbildung als Maler und Lackierer, Garten- und

Landschaftsbauer, Tischler jeweils mit Berufserfahrung
- anerkannte Ausbildung, deren Berufsbild keine Anwendung für eine baugewerbliche Tätigkeit findet, und Berufserfahrung
- Berufsausbildung zum Baugeräteführer
- Prüfung als Berufskraftfahrer
- durch längere Berufserfahrung erworbene gleichwertige Fertigkeiten

Tätigkeitsbeispiele:
keine

Lohngruppe 4 -Spezialfacharbeiter/ Baumaschinenführer-

Tätigkeit:
- selbständige Ausführung der Facharbeiten des jeweiligen Berufsbildes

Regelqualifikation:
- baugewerbliche Stufenausbildung in der zweiten Stufe ab dem zweiten Jahr der Tätigkeit
- Prüfung als Baumaschinenführer
- Berufsausbildung zum Baugeräteführer ab dem dritten Jahr der Tätigkeit
- durch langjährige Berufserfahrung erworbene gleichwertige Fertigkeiten

Tätigkeitsbeispiele:
keine

Lohngruppe 5 -Vorarbeiter/ Baumaschinen-Vorarbeiter-

Tätigkeit:
- Führung einer kleinen Gruppe von Arbeitnehmern, auch unter eigener Mitarbeit oder selbständige Ausführung besonders schwieriger Arbeiten
- selbständige Ausführung schwieriger Instandsetzungsarbeiten an Baumaschinen ohne Mitarbeiterführung
- Bedienung und Wartung mehrerer Baumaschinen einschließlich der Störungserkennung

Regelqualifikation:
- baugewerbliche Stufenausbildung in der zweiten Stufe und in der Regel mehrjährige Berufserfahrung
- Prüfung als Baumaschinenführer und in der Regel mehrjährige Berufserfahrung
- durch umfassende Berufserfahrung erworbene gleichwertige Fertigkeiten

Tätigkeitsbeispiele:
keine

Lohngruppe 6 -Werkpolier/ Baumaschinen-Fachmeister-

Tätigkeit:
- Führung und Anleitung einer Gruppe von Arbeitnehmern in Teilbereichen der Bauausführung auch unter eigener Mitarbeit

Regelqualifikation:
- Werkpolierprüfung und Anstellung als bzw. Umgruppierung zum Werkpolier
- Anstellung als bzw. Umgruppierung zum Werkpolier ohne Werkpolierprüfung
- Baumaschinen-Fachmeisterprüfung und Anstellung als bzw. Umgruppierung zum Baumaschinen-Fachmeister
- Anstellung als bzw. Umgruppierung zum Baumaschinen-Fachmeister ohne Baumaschinen-Fachmeisterprüfung

Tätigkeitsbeispiele:
keine

Auszug aus der BGL (Baugeräteliste 2001)

D.1.00 Hydraulikbagger mit Raupenfahrwerk > 6t (Eigengewicht)
RAUPENBAGGER HYD
Standardausrüstung:
Grundgerät mit Serienmotor und Standardlaufwerk einschl. Hydraulikzylinder für Auslegerunterteil, Fahrerkabine
Kenngröße: Motorleistung (kw)

Nr.	Motorleistung	Tieflöffelinhalt	Gewicht	Mittlerer Neuwert	Monatliche Reparaturkosten	Monatlicher Abschreibungs- und Verzinsungsbetrag von	
	kw	m³	kg	Euro	Euro	Euro	bis
D.1.00.0050	50	0,3	10.000	92.000,00	1.470,00	1.840,00	2.020,00
D.1.00.0060	60	0,6	12.000	117.500,00	1.880,00	2.350,00	2.590,00
D.1.00.0080	80	0,7	15.800	143.000,00	2.290,00	2.860,00	3.150,00
D.1.00.0100	100	0,8	18.100	174.000,00	2.780,00	3.480,00	3.830,00
D.1.00.0130	130	1,2	21.500	204.500,00	3.270,00	4.090,00	4.500,00
D.1.00.0160	160	1,6	26.800	245.500,00	3.680,00	4.660,00	5.150,00
D.1.00.0230	230	2,7	42.300	363.000,00	5.450,00	6.900,00	7.600,00
D.1.00.0300	300	4,5	61.000	460.000,00	6.900,00	8.750,00	9.650,00

D.1.02 Mini-Hydraulikbagger mit Raupenfahrwerk < 6t (Eigengewicht)
MINIBAGGER R
Standardausrüstung:
Grundgerät mit Dieselmotor, Gummi- oder Stahlraupenfahrwerk, Schildabstützung, überwiegend seitlich, schwenkbarem oder seitlich verschiebbarem Monoblock- oder geteiltem Ausleger, zum Teil schwenkbarem Stiel, Hydrozylindern, Fahrerkabine.
Kenngröße: Motorleistung (kw)

Nr.	Motorleistung	Tieflöffelinhalt	Gewicht	Mittlerer Neuwert	Monatliche Reparaturkosten	Monatlicher Abschreibungs- und Verzinsungsbetrag von	
	kw	m³	kg	Euro	Euro	Euro	bis
D.1.02.0005	5	0,02	850	20.700,00	373,00	600,00	685,00
D.1.02.0010	10	0,06	2.100	29.100,00	525,00	845,00	960,00
D.1.02.0015	15	0,07	2.500	40.900,00	735,00	1.190,00	1.350,00
D.1.02.0025	25	0,10	3.500	49.600,00	895,00	1.140,00	1.290,00
D.1.02.0035	35	0,13	4.500	57.300,00	1.030,00	1.320,00	1.490,00
D.1.02.0045	45	0,14	6.000	69.500,00	1.110,00	1.390,00	1.530,00

D.3.10 Frontlader-Radlader

RADLADER

Standardausrüstung:
Grundgerät mit Allradantrieb, mit hydrostatischem Antrieb oder Drehmomentwandler, mit Lastschaltgetriebe, Kabine, Standardschaufel
Bis Nr. 0070:   Mit Schnellwechseleinrichtung
Mit: Standardbereifung
Kenngröße: **Motorleistung (kw)**

Nr.	Motorleistung	Löffelinhalt Nach CECE	Reifengröße	Gewicht	Mittlerer Neuwert	Monatliche Reparaturkosten	Monatlicher Abschreibungs- und Verzinsungsbetrag von	
	kw	m³		kg	Euro	Euro	Euro	bis
D.3.10.0020	20	0,34	10,5-18	2.500	38.700,00	1.040,00	1.240,00	1.470,00
D.3.10.0030	30	0,60	12,5-18	4.000	47.600,00	1.290,00	1.520,00	1.810,00
D.3.10.0040	40	0,70	12,5-18	4.500	51.600,00	1.390,00	1.650,00	1.960,00
D.3.10.0045	45	0,80	335/80 R20	5.000	55.500,00	1.500,00	1.780,00	2.110,00
D.3.10.0050	50	1,00	365/80 R20	6.000	58.300,00	1.570,00	1.870,00	2.220,00
D.3.10.0060	60	1,20	15,5 R26	6.500	70.000,00	1.890,00	2.240,00	2.660,00
D.3.10.0070	70	1,40	17,5 R25	8.000	91.600,00	2.470,00	2.930,00	3.480,00
D.3.10.0080	80	1,80	17,5 R25 XT	9.500	106.000,00	2.860,00	3.390,00	4.030,00
D.3.10.0090	90	2,00	20,5 R25	11.500	129.000,00	3.480,00	4.130,00	4.900,00
D.3.10.0100	100	2,20	20,5 R25	12.000	137.000,00	3.700,00	4.380,00	5.200,00
D.3.10.0110	110	2,60	23,5 R25	14.000	151.000,00	4.080,00	4.830,00	5.750,00
D.3.10.0120	120	2,80	23,5 R25	15.000	171.000,00	4.620,00	5.450,00	6.500,00
D.3.10.0130	130	3,40	23,5 R25	17.500	183.000,00	4.940,00	5.850,00	6.950,00
D.3.10.0150	150	3,40	23,5 R25 XH	18.000	188.000,00	5.100,00	6.000,00	7.150,00
D.3.10.0170	170	4,10	26,5 R25	22.000	247.000,00	6.650,00	7.900,00	9.400,00
D.3.10.0200	200	4,80	26,5 R25 XH	25.000	281.000,00	7.600,00	9.000,00	10.700,00
D.3.10.0250	250	5,20	29,5 R25 XH	30.000	370.000,00	10.000,00	11.900,00	14.100,00
D.3.10.0300	300	6,90	35/65 R33	45.000	544.000,00	14.700,00	17.400,00	20.700,00
D.3.10.0400	400	7,50	35/65 R33 X	50.000	625.000,00	16.900,00	20.000,00	23.800,00
D.3.10.0500	500	9,20	45/65 R39	75.000	914.000,00	24.700,00	29.200,00	34.700,00
D.3.10.0600	600	12,30	45/65 R45	92.000	1.240.000,00	33.500,00	39.700,00	47.100,00
D.3.10.0900	900	18,00	55/80 R57	187.000	2.608.000,00	70.400,00	83.500,00	99.100,00

D.4.00 Planierraupe

PLANIERRAUPE

Standardausrüstung:
Grundgerät mit Standard- oder HD-Laufwerk, Drehmomentwandler und Lastschaltgetriebe oder hydrostatischem Antrieb, Kabine.

Ohne: Planiereinrichtung, Heckaufreißer, Seilwinde, Anhängevorrichtung

Kenngröße: Motorleistung (kw)

Nr.	Motorleistung	Schneidenbreite	Gewicht mit Planierschild	Mittlerer Neuwert	Monatliche Reparaturkosten	Monatlicher Abschreibungs- und Verzinsungsbetrag von Euro bis	
	kw	m	kg	Euro	Euro		
D.4.00.0050	50	2,5	7.500	105.000,00	3.260,00	3.360,00	3.990,00
D.4.00.0060	60	2,6	8.000	120.000,00	3.720,00	3.840,00	4.560,00
D.4.00.0065	65	2,8	8.500	128.000,00	3.970,00	4.100,00	4.860,00
D.4.00.0070	70	3,0	9.000	135.500,00	4.200,00	4.340,00	5.150,00
D.4.00.0080	80	3,1	12.000	151.000,00	4.680,00	4.830,00	5.750,00
D.4.00.0090	90	3,3	14.000	166.000,00	5.150,00	5.300,00	6.300,00
D.4.00.0100	100	3,5	16.000	181.500,00	5.650,00	5.800,00	6.900,00
D.4.00.0120	120	3,6	18.000	212.000,00	6.550,00	6.800,00	8.050,00
D.4.00.0130	130	3,8	19.000	227.500,00	7.050,00	7.300,00	8.650,00
D.4.00.0140	140	3,8	20.000	248.000,00	7.700,00	7.950,00	9.400,00
D.4.00.0175	175	4,0	30.000	319.500,00	9.900,00	10.200,00	12.100,00
D.4.00.0230	230	4,2	38.000	432.000,00	13.400,00	13.800,00	16.400,00
D.4.00.0250	250	4,4	44.000	173.000,00	14.700,00	15.100,00	18.000,00
D.4.00.0300	300	4,6	50.000	575.000,00	17.800,00	18.400,00	21.900,00
D.4.00.0400	400	6,0	65.000	779.000,00	24.200,00	24.900,00	29.600,00
D.4.00.0650	650	6,0	100.000	1.329.000,00	41.200,00	42.500,00	50.500,00
D.4.00.0800	800	6,8	132.000	2.454.000,00	76.100,00	78.500,00	93.300,00

D.8.31 Vibroglattwalze, Walzenzug

VIBROGLATTWALZE ZUG

Standardausrüstung:
Grundgerät mit Dieselmotor, abschaltbarer Vibrationseinrichtung, Amplitude, Fequenz verstellbar, zweite Achse mit Luftgefüllten Reifen (teilweise mit Wasser gefüllt), mit Zugaggregat luftbereift, Lenkung hydraulisch, Arbeitsbeleuchtung, Berieselungsanlage für zwei Medien, Fahrerkabine (ROPS).

Kenngröße: Max. Betriebsgewicht (kg)

Nr.	Max. Betriebs-gewicht	Motorleistung	Walzen-durchmesser	Gewicht	Mittlerer Neuwert	Monatliche Reparaturkosten	Monatlicher Abschreibungs- und Verzinsungsbetrag von Euro bis	
	kg	kw	mm	kg	Euro	Euro		
D.8.31.0300	3.000	28	750	3.000	43.900,00	1.140,00	1.670,00	1.980,00
D.8.31.0400	4.000	43	1.200	4.000	45.800,00	1.190,00	1.740,00	3.060,00
D.8.31.0600	6.000	54	1.200	6.000	77.100,00	2.000,00	2.930,00	3.470,00
D.8.31.0700	7.000	80	1.220	7.000	79.300,00	2.060,00	3.010,00	3.570,00
D.8.31.0800	8.000	80	1.228	8.000	92.500,00	2.430,00	3.550,00	4.210,00
D.8.31.1000	10.000	80	1.228	10.000	96.000,00	2.500,00	3.650,00	4.320,00
D.8.31.1100	11.000	92	1.520	11.000	98.600,00	2.560,00	3.750,00	4.440,00
D.8.31.1200	12.000	92	1.520	12.000	104.500,00	2.720,00	3.970,00	4.700,00
D.8.31.1300	13.000	98	1.520	13.000	111.000,00	2.890,00	4.220,00	5.000,00
D.8.31.1500	15.000	108	1.520	15.000	118.500,00	3.080,00	4.500,00	5.350,00
D.8.31.1600	16.000	115	1.600	16.000	125.500,00	3.260,00	4.770,00	5.650,00
D.8.31.1800	18.000	130	1.600	18.000	136.000,00	3.540,00	5.150,00	6.100,00
D.8.31.1900	19.000	132	1.600	19.000	153.000,00	3.980,00	5.80,00	6.900,00
D.8.31.2500	25.000	132	1.700	25.000	183.500,00	4.770,00	6.950,00	8.250,00

D.8.61 **Flächenrüttler mit Dieselmotor**
FLAECHENRUETTLER
Standardausrüstung:
Antrieb Dieselmotor, handgeführt, Vor- und Rückwärtslauf, Verdichtungsplatte rechteckig oder mit abgerundeten Stirnseiten, ohne Anbauplatten
Kenngrößen: Betriebsgewicht (kg) und Arbeitsbreite (mm).

Nr.	Betriebs-gewicht	Arbeitsbreite bis	Fliehkraft	Motor-leistung	Mittlerer Neuwert	Monatliche Reparaturkosten	Monatlicher Abschreibungs- und Verzinsungsbetrag von Euro bis	
	kg	mm	kn	kw	Euro	Euro		
D.8.61.1040	100	400	16	3,0	3.740,00	97,00	142,00	168,00
D.8.61.1050	100	500	16	3,0	4.140,00	108,00	157,00	186,00
D.8.61.1540	150	400	24	4,5	5.100,00	133,00	197,00	230,00
D.8.61.1550	150	500	24	4,5	5.200,00	135,00	198,00	234,00
D.8.61.2050	200	500	26	4,5	5.550,00	144,00	211,00	250,00
D.8.61.2060	200	600	26	4,5	5.700,00	148,00	217,00	257,00
D.8.61.2550	250	500	36	4,5	6.250,00	163,00	238,00	281,00
D.8.61.2560	250	600	36	4,5	6.350,00	165,00	241,00	286,00
D.8.61.3050	300	500	40	6,0	7.550,00	196,00	287,00	340,00
D.8.61.3060	300	600	40	6,0	7.750,00	202,00	295,00	349,00
D.8.61.3550	350	500	45	6,5	8.550,00	222,00	325,00	385,00
D.8.61.3560	350	600	45	6,5	8.750,00	228,00	333,00	394,00
D.8.61.4060	400	600	50	6,5	8.950,00	233,00	340,00	403,00
D.8.61.4070	400	700	50	6,5	9.150,00	238,00	348,00	412,00
D.8.61.4560	450	600	50	6,5	9.750,00	254,00	371,00	439,00
D.8.61.4570	450	700	50	6,5	10.500,00	273,00	399,00	473,00
D.8.61.5060	500	600	59	10,0	10.900,00	283,00	414,00	491,00
D.8.61.5070	500	700	59	10,0	11.300,00	294,00	429,00	510,00
D.8.61.6060	600	600	60	10,0	11.800,00	307,00	448,00	530,00
D.8.61.6070	600	700	60	10,5	12.200,00	317,00	464,00	550,00
D.8.61.6570	650	700	60	10,5	14.600,00	380,00	555,00	655,00
D.8.61.7070	700	700	70	11,5	15.200,00	395,00	580,00	685,00
D.8.61.7570	750	700	75	16,0	15.300,00	398,00	580,00	690,00
D.8.61.8070	800	700	80	16,0	17.800,00	463,00	675,00	800,00

E.7.01 **Straßenfräse, Kaltasphalt, Raupenfahrwerk**
KALTFRAESE RAUPE
Standardausrüstung:
Selbstfahrend, mit Dieselantrieb, Drei- oder Vierkettenantrieb, Fräsaggregat, mit: Ladeband und Nivlliereinrichtung
Kenngrößen: Fräsbreite max. und Frästiefe (mm)

Nr.	Fräsbreite	Frästiefe	Motor-leistung	Gewicht	Mittlerer Neuwert	Monatliche Reparaturkosten	Monatlicher Abschreibungs- und Verzinsungsbetrag von Euro bis	
	mm	mm	kw	Kg	Euro	Euro		
E.7.01.1032	1.000	320	160	14.550	250.000,00	6.250,00	6.750,00	7.500,00
E.7.01.1330	1.320	300	297	24.000	413.000,00	10.300,00	11.200,00	12.400,00
E.7.01.1530	1.500	300	297	24.200	416.500,00	10.400,00	11.200,00	12.500,00
E.7.01.1930	1.905	300	297	24.800	451.000,00	11.300,00	12.200,00	13.500,00
E.7.01.2030	2.000	300	370	30.500	501.500,00	12.500,00	13.500,00	15.000,00
E.7.01.2033	2.000	330	515	42.000	557.500,00	13.900,00	15.100,00	16.700,00
E.7.01.2231	2.200	305	343	43.500	576.500,00	14.400,00	15.600,00	17.300,00
E.7.01.3820	3.800	200	521	50.000	963.500,00	24.100,00	26.000,00	28.900,00

E.3.01 Schwarzdeckenfertiger
FERTIGER SCHW RAUPE
Standardausrüstung:
Grundgerät mit Raupenfahrwerk, mit Dieselmotor, Aufnahmebehälter, Einrichtung zum Fördern und Verteilen vor der Bohle, Zentralschmieranlage, Wetterschutzdach und Planen.
Ohne: Glättbohle und Nivelliereinrichtung
Kenngröße: max. Arbeitsbreite

Nr.	Max. Arbeitsbreite	Motor-leistung	Gewicht	Mittlerer Neuwert	Monatliche Reparaturkosten	Monatlicher Abschreibungs- und Verzinsungsbetrag von Euro bis		
	mm	kw	Kg	Euro	Euro			
E.3.01.0026	2,60	28	4.150	66.500,00	1.660,00	1.800,00		2.000,00
E.3.01.0031	3,10	29	4.400	93.600,00	2.340,00	2.530,00		2.810,00
E.3.01.0040	4,00	43	6.850	123.000,00	3.090,00	3.330,00		3.710,00
E.3.01.0060	4,75	52	8.600	156.000,00	3.900,00	4.210,00		4.680,00
E.3.01.0060	6,00	74	9.800	168.500,00	4.210,00	4.550,00		5.050,00
E.3.01.0070	7,00	92	13.200	188.500,00	4.710,00	5.100,00		5.650,00
E.3.01.0080	8,00	107	14.150	203.500,00	5.100,00	5.500,00		6.100,00
E.3.01.0090	9,00	125	14.700	216.000,00	5.400,00	5.850,00		6.500,00
E.3.01.0100	10,00	126	15.500	228.500,00	5.700,00	6.150,00		6.850,00
E.3.01.0125	12,50	146	16.400	265.500,00	6.650,00	7.150,00		7.950,00
E.3.01.0160	16,00	210	20.900	352.500,00	8.800,00	9.500,00		10.600,00

Zusatzausrüstungen für E.3.01:

Nr.	Bezeichnung	Gewicht	Mittlerer Neuwert	Monatliche Reparaturkosten	Monatlicher Abschreibungs- und Verzinsungsbetrag von Euro bis	
		kg	Euro	Euro		
E.3.0*.0***.01	Nivelliereinrichtung mit einseitiger Abtastung und Quernivellierung durch Pendel NIVEINR EINS P	13	9.400,00	235,00	254,00	282,00
E.3.0*.0***.02	Nivelliereinrichtung mit zweiseitiger Abtastung ohne Pendel NIVEINR ZWEIS	15	8.950,00	224,00	242,00	269,00
E.3.0*.0***.03	Nivelliereinrichtung mit zweiseitiger Abtastung und Quernivellierung durch Pendel NIVEINR ZWEIS P	17	12.600,00	315,00	340,00	378,00

Anhang: Tabellen und Formblätter:

Zur Kalkulation, für das Bestellwesen und die Transportberechnungen ist hier noch eine Umrechnungstabelle angefügt.

Bezeichnung/Schüttgut	Einheit	lose aufgeschüttet	verdichtet
Sand 0 / 2 mm	1 cbm – m³	1,56 t	1,85 t
Sand 2 / 8 mm	1 cbm – m³	1,70 t	
Kies 8 / 16 mm	1 cbm – m³	1,78 t	
Kies 16 / 32 mm	1 cbm – m³	1,78 t	
Kiessand 2 / 32 mm	1 cbm – m³	1,72 t	2,20 t
Kalksteinschotter 32 / 45 mm	1 cbm – m³	1,52 t	1,75 t
Kalksteinschotter 45 / 56 mm	1 cbm – m³	1,52 t	1,75 t
Kalksteinsplitt 5 / 32 mm	1 cbm – m³	1,75 t	2,10 t
Basaltlava gebrochen	1 cbm – m³	1,20 t	
Basaltlava ungebrochen	1 cbm – m³	1,80 t	
Basaltsplitt	1 cbm – m³	1,50 t	
Basaltschotter 0 / 32	1 cbm – m³	1,55 t	1,80 t
Granitschotter 0 / 32	1 cbm – m³	1,30 t	1,55 t
Erdaushub, Lehm	1 cbm – m³	1,70 t	
Betonbrocken	1 cbm – m³	1,50 t	
Beton aus Kies	1 cbm – m³	2,20 t	
Pflastersteine Mosaik (Granit)	1 cbm – m³	1,50 t	
Pflastersteine Kleinpflaster (Granit)	1 cbm – m³	1,70 t	
Pflastersteine Großpflaster (Granit)	1 cbm – m³	1,90 t	
Schottertragschicht (Mineral)	1 cbm – m³	1,85 t	2,25 t
Frostschutzschicht	1 cbm – m³	1,85 t	2,25 t
Bit. Tragschicht	1 cbm – m³		2,36 t
Bit. Binderschicht	1 cbm – m³		2,36 t
Bit. Deckschicht	1 cbm – m³		2,39 t
Gussasphalt	1 cbm – m³		2,45 t
Mosaikpflaster verlegt (4/6)	1 qm – m²		0,135 t
Kleinpflaster verlegt (9/11)	1 qm – m²		0,175 t

Formblatt 1 als Kopiervorlage

Kalkulationsformblatt: Lohnkosten-Kalkulationslohn €/h

Projekt: _____ Nr. _____ Kalkulator: _____ Datum: _____ Blatt Nr.: _____

I Mittellohn €/h Tarifvertrag vom _____

Arbeitskräfte (Anzahl x Einsatzzeit in %)	Anzahl	Lohn Einzeln	Lohn Gesamt
Oberpolier (Aufsicht)			
Polier, Meister (Aufsicht)			
Werkpolier			
Vorarbeiter			
Spezialtiefbaufacharbeiter			
Facharbeiter			
Fachwerker			
Baggerführer/Maschinist			

Summe Lohn:

Summe Lohn €/h: 0
Summe Arbeitskräfte (ohne Aufsicht): 0

Ermittlung Lohnnebenkosten LNK (ohne anteilige Sozialkosten)

	Anzahl	Einzel €/AD	Gesamt €/AD
Auslösung			
Fam. Heimfahrt			
Reisezeitvergütung			
Fahrtkostenabgeltung			
Verpflegungszuschuß			
Wohnlagerbetriebskosten			
Arbeitertransport			
Summe			

Summe LNK   0 €/AD
LNK (€/h) = ────────────────── = 0 x 7,8 h/AD
Summe Arbeitskräfte LNK

LNK = _____ €/h = _____ % von MLA

_____ €/h ML

Zulagen und Zuschläge   ___ % auf ___ % h = 0 %
Leistungszulagen   ___ % auf ___ % h = 0 %
Schmutzzulagen   ___ % auf ___ % h = 0 %
Höhenzulagen   ___ % auf ___ % h = 0 %
Erschütterungszulagen   ___ % auf ___ % h = 0 %
Druckluftzulagen   ___ % auf ___ % h = 0 %
Überstundenzuschlag   ___ % auf ___ % h = 0 %
Nachtzuschlag   ___ % auf ___ % h = 0 %
Sonn- und Feiertagszuschlag ___ % auf ___ % h = 0 %
Zuschlag für Wegeverlustzeiten ___ % auf ___ % h = 0 %

_____ €/h   %

Vermögensbildung   0,13 €/h

Mittellohn einschließlich Zulagen, Zuschlägen, Vermögensbildung   _____ €/h MLA

II Lohnnebenkosten (LNK) _____ % x 1/100 x ____ ML x 1,5 Sozialzuschlag   _____ €/h LNK

III Sozialaufwand (gemäß Anweisung der Geschäftsleitung)   _____ €/h Soz

IV Sonstige lohnabhängige Kosten   _____ €/h Sonst.

V Lohnkostenerhöhungen (einschließlich Sozialaufwand und Änderung des Sozialaufwands) _____ €/h Lerh.

Kalkulationslohn   _____ €/h ASL

Formblatt 2 als Kopiervorlage:

Kalkulationsformblatt: Lohnkosten-Kalkulationslohn €/h									Blatt Nr.:	
Projekt:		Nr.		Kalk. Lohn €/h			Zuschläge		LV Seite: Blatt:	
Titel, Pos. LV	Menge	Kurztext Kostenentwicklung			unmittelbare Herstellkosten der Teilleistungen				Angebotspreis	
				Lohn	Stoffe	Geräte	Summe	Selbständige Nachuntern.	Einheitspreis	Gesamtpreis
	(h)	€	€	€	€	€	€	€	€	€

Formblatt 3 als Kopiervorlage

Ermittlung der Gerätekosten für ....

(Bezeichnung des Gerätes)

....

(Gerätenummer nach BGL)

Ausgangswerte:

- Monatlicher Abschreibungs- und Verzinsungsbetrag lt. BGL = _____ €/Monat

- Monatlicher Reparaturkostenbetrag lt. BGL = _____ €/Monat

- Treibstoffverbrauch/Einsatzstunde = _____ L/kW, Eh

- Schmierstoffkosten (20% der Treibstoffkosten) = _____ €/L
  Kosten des Kraftstoffes

➤ Vorhaltestunden (VH)	175 Vh/Monat
➤ Vorhaltezeit (Kd)	30 Kd/Monat
➤ Einsatzzeit	20 Kd/Monat
➤ Einsatzstunden (Eh) 20d x 8 h	160 Eh/Monat
➤ Betriebsstunden (Bh) 0,75 x 160	120 Bh/Monat

(25 %iger Abzug von den Einsatzstunden für Rüst-, Warte- und Verteilzeiten)

Gerätekosten/Monat:

- Abschreibung und Verzinsung   (A+V) = _____ €
- Reparatur   (R) = _____ €
- Treibstoffkosten _____ kW x _____ x 160 x _____ €/L = _____ €
- Schmierstoffkosten 0,20 x _____ = _____ €

  Gesamtgerätekosten / Monat: = _____ €

Gerätekosten / Kalendertag (:30) = _____ €
Gerätekosten / Vorhaltestunde (:175) = _____ €
Gerätekosten / Einsatzstunde (:160) = _____ €
Gerätekosten / Betriebsstunde (:120) = _____ €

Literaturverzeichnis:

Baugeräteliste BGL Euroliste 2001
Technisch wirtschaftliche Baumaschinen Daten
Herausgegeben vom Bauverlag in Zusammenarbeit mit der Deutschen Bauindustrie.

Tarifvertrag Lohntabelle West Baugewerbe Stand 1. April 2010

Weitere Bücher für die Straßenbauer Meisterschule:

Prüfungsfragen Meisterschule Straßenbau Meister   ISBN: 9-783842-348875

Weitere Titel in Vorbereitung:

....Massenberechnung im Straßenbau für die Meisterschule
Berechnen von Flächen und Volumen anhand von Regelquerschnitten und Stationen.

...Kuppen- und Wannenberechnung in der Vermessung, Abstecken von Bogenkleinpunkten
sowie Berechnungen zum Bogenanfang und Ende. Kleinpunktberechnung mit Hilfe von Formblättern.

Hier ist Platz für Ihre Notizen:

Herstellung und Verlag:
BoD - Books on Demand, Norderstedt
ISBN 978-3-8448-1181-0

Lightning Source UK Ltd.
Milton Keynes UK
UKHW050908071020
371169UK00009B/527